解析几何

马慧龙　著

吉林教育出版社

图书在版编目（CIP）数据

解析几何 / 马慧龙著. -- 长春 ：吉林教育出版社，
2019.12（2021.4重印）
ISBN 978-7-5553-6880-9

Ⅰ．①解… Ⅱ．①马… Ⅲ．①解析几何－师范大学－
教材 Ⅳ．①O182

中国版本图书馆CIP数据核字(2019)第301084号

JIEXI JIHE

解析几何

著　者	马慧龙		
责任编辑	于春花	装帧设计	飒　飒

出版发行　吉林教育出版社

（长春市同志街1991号　　130021）

印　刷　三河市元兴印务有限公司

开　本　787mm×1092mm　1/16
印　张　14
字　数　200千字
版　次　2020年6月第1版
印　次　2021年4月第2次印刷
定　价　98.00元

如有印装质量问题，请直接与承印厂联系调换

前　言

几何学是一门古老而又保持着旺盛生命力的数学学科。追溯历史，它是分析、代数等许多数学分支产生和发展的基础和背景；又是数学联系实际应用的重要桥梁。它体现了形与数的结合，演绎法与解析法的结合。它直观性、实验性的特点启示了许多新思想、新原理的诞生。因此几何课程对于数学类专业大学生的综合素质的培养是十分重要的，加强综合大学数学系几何课程的教学，现在已经成为一种共识。然而目前几何课程的安排还很薄弱。为此，解析几何课程担负着培养学生几何思想，加强他们几何观念的重要任务。

解析几何是数学的重要组成部分，也是数学的一个难点。为适应新时期数学研究和教学的发展，本书以"解析几何"为选题，主要探讨向量代数、空间的平面和直线、常见曲面、等距变换与仿射变换、射影几何学初步、GeoGebra 软件与 CAI 软件在解析几何教学中的应用以及信息技术在解析几何教学中的应用相关内容。

本书一方面内容充实，通俗易懂，是学习几何学的入门教材。书中既讲解了空间解析几何的基本内容和方法（向量代数，仿射坐标系，空间的直线和平面，常见曲面等），又讲解了仿射几何学中的基本内容和思想（仿射坐标变换，二次曲线的仿射理论，仿射变换和等距变换等），还介绍了射影几何学中的基本知识，较好地反映了几何学课程的全貌。本书突出几何思想的教育，强调形与数的结合；方法上强调解析法和综合法并重；内容编排上采用"实例—理论—应用"的方式，具体易懂；内容选取上兼顾各类高校的教学情况，具有广泛的适用性。本书表达通顺，说理严谨，阐述深入浅出。

另一方面注意培养读者的空间想象能力，这尤其体现在第三章中关于旋转面、柱面和锥面方程的建立。本书论证严谨，同时又力求简明；叙述上深入浅出，条理清楚，注意讲清所讨论问题的来龙去脉。

本书的撰写得到了许多专家学者的帮助和指导，在此表示诚挚的谢意。由于作者水平有限，加之时间仓促，书中所涉及的内容难免有疏漏与不够严谨之处，希望各位同行、专家、教师多提宝贵意见，以待进一步修改，使之更加完善。

作　者

2019 年 3 月

目 录

第一章

向量代数

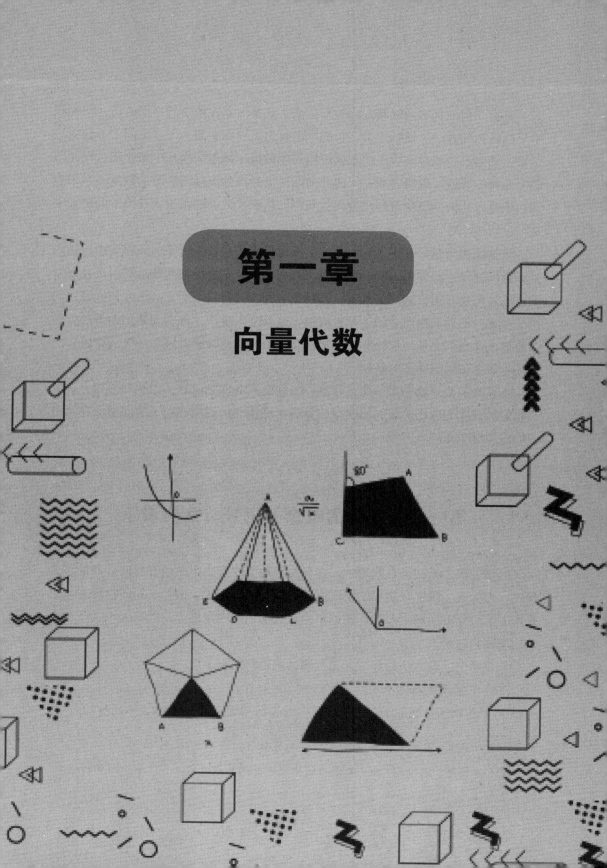

解析几何的基本内涵和方法是坐标法。这是大家在中学的平面解析几何课程中早已熟悉的方法。概括地讲，它的基本思想是：在平面上（或空间中）建立坐标系，平面上（或空间中）的点就可用有序数组（即点的坐标）来表示，在此基础上几何图形就可以用方程——即几何图形上的点的坐标所满足的数量关系来表示。于是，几何问题就可转化为代数问题，从而代数方法被引入几何学的研究中来①。

坐标法仍然是最基本的方法，但是不再局限于直角坐标系，还将要引进仿射坐标系。此外，还要引入一个辅助方法：向量法，它也是把代数运算引进几何学的方法。向量有很强的几何直观，同时又可直接进行代数运算。把几何问题用向量来表述，然后利用向量的运算来解决，这就是向量法。许多问题用向量法处理既简捷，又直观。把向量法和坐标法结合使用，能使解题思路更加灵巧简捷。向量还是建立仿射坐标系的基础。

本章我们要讨论向量的两类运算：线性运算和度量运算（内积和外积），以及它们的性质和应用。并利用向量的分解定理建立仿射坐标系，为向量法在全书中的应用打下基础。

第一节　向量的概念、记号与几何表示

向量的概念最初来自物理学，许多物理量不仅有大小，还有方向，如位移、速度、力等等，现在在物理学中把这类物理量称为矢量，抛弃它们的物理意义，只留下大小和方向两个要素，就抽象为在数学中的向量概念：既有大小，又有方向的量称为向量②。

如果两个向量大小相等、方向相同，就说它们相等。

本书中常用黑斜体小写西文字母来命名一个向量，如向量 α，β，γ，a，b，c 等（对于数则用普通的小写斜体西文字母表示）。用绝对值符号表示向量的大小，

---

① 项武义. 基础几何学 [M]. 北京：人民教育出版社，2004.

② 章建跃，陶维林. 概念教学必须体现概念的形成过程——"平面向量的概念"的教学与反思 [J]. 数学通报，2010，49（01）：25-29+33.

|α| 表示向量 α 的大小。

大小为零的向量称为零向量，就记作 0。零向量是唯一方向不确定的向量。

和一个向量 α 大小相等、方向相反的向量称为 α 的反向量，记作 −α。显然，α=−α 的充分必要条件是 α 为零向量。

如果向量 α 与 β 的方向相同或相反，就说它们平行，记作 α // β。为了以后论述起来方便，认定零向量和任何向量都平行。

如果向量 α 与 β 方向互相垂直，就说它们垂直或正交，记作 α ⊥ β。认定零向量和任何向量都正交。显然，如果 α ≠ 0，则和 α 既平行，又垂直的向量只有零向量。

几何上，用有向线段表示向量。确定了方向的线段称为有向线段。为了表明线段的方向，只要指定线段的两个端点中哪个是起点，哪个是终点。如果有向线段的起终点分别为 A 和 B，就把它记作 $\overrightarrow{AB}$。有向线段的长度和方向正好表示了向量的大小和方向这两个因素，以后我们就把它看作向量。按照几何学的习惯，我们把向量的大小称为长度。有向线段还有位置这个几何因素，但是当把它看作向量时，位置是不起作用的。因此，当一个有向线段作平移时，它表示的向量不改变。

对任一向量 α 和任取一点 A，存在唯一点 B，使得 $\overrightarrow{AB}$ =α。显然有

$$\overrightarrow{AB} = 0 \Leftrightarrow A = B \; ; \; \overrightarrow{BA} = -\overrightarrow{AB} 。$$

第二节　向量的基本运算

向量的线性运算是指加（减）法和数乘这两种运算。它们都是从物理学中矢量相应的运算抽象来的[①]。

一、向量的加法

作用在同一物体上的两个力有合成法则，位移等其他矢量也可以合成。这就

---

① 赵春芳. 空间解析几何中的向量代数研究 [J]. 黑河学院学报，2018，9（06）：213−214.

是向量加法的背景。

两个向量 α 与 β 的和也是一个向量，记作 $\alpha + \beta$。规定如下：任取一点 A，作 $\overrightarrow{AB} = \alpha$，$\overrightarrow{BC} = \beta$，则 $\alpha + \beta = \overrightarrow{AC}$。

这种求两个向量之和的方法称为加法的三角形法则。容易看出，定义中 A 点的选择不会影响结果。

求两个向量之和的另一种方法称为加法的平行四边形法则。取定一点 A，作 $\overrightarrow{AB} = \alpha$，$\overrightarrow{AD} = \beta$，以线段 AB 和 AD 为两边，作平行四边形 $ABCD$，则 $\alpha + \beta = \overrightarrow{AC}$。

向量的加法适合交换律和结合律，即对任意向量 α, β, γ 有等式

$$\alpha + \beta = \beta + \alpha \quad （1\text{-}1）$$

$$(\alpha + \beta) + \gamma = \alpha + (\beta + \gamma) \quad （1\text{-}2）$$

这两个等式都容易从定义推出。用平行四边形法则可直接得到（1-1）；用三角形法则证明（1-2）更方便。

从定义还可直接得到

$$\alpha + 0 = \alpha \quad （1\text{-}3）$$

$$\alpha + (-\alpha) = 0 \quad （1\text{-}4）$$

向量的减法是加法的逆运算。两个向量 α 与 β 的差也是一个向量，记作 $\alpha - \beta$，它满足等式：

$$(\alpha - \beta) + \beta = \alpha \quad （1\text{-}5）$$

在上述等式两边都加上 $-\beta$，就得到

$$\alpha - \beta = \alpha + (-\beta) \quad （1\text{-}6）$$

于是减法化为加法。

利用上面的关系式，向量等式可以作移项运算，即把等式某一边的一项变号后（＋变－，－变＋）移到等式的另一边。

二、向量与数的乘积

设 α 是一个向量，λ 是一个实数。α 与 λ 的乘积也就是 α 的 λ 倍，在物理学上其意义是明确的，数学上把它抽象为下面的运算。

向量 α 与实数 λ 的乘积是一个向量，记作 $\lambda\alpha$。它的长度为

$$|\lambda\alpha|=|\alpha||\lambda|\quad（1-7）$$

在 α 与 λ 都不为 0 时（如果有一个为 0，则显然 $\lambda\alpha=0$），它的方向规定为：若 $\lambda>0$，则 $\lambda\alpha$ 与 α 同向；若 $\lambda<0$，则 $\lambda\alpha$ 与 α 反向。

通常把上述运算称为向量的数乘。

由定义，$\lambda\alpha\ /\!/\ \alpha$，反过来，如果 $\alpha\neq0$，并且向量 α 与 β 平行，则 β 一定是 α 的倍数。只要令 $\lambda=\varepsilon\dfrac{|\beta|}{|\alpha|}$，这里

$$\varepsilon=\begin{cases}1,&当\alpha与\beta同向时\\-1,&当\alpha与\beta反向时\end{cases}\quad（1-8）$$

就有 $\beta=\lambda\alpha$，以后我们把 λ 这个数记作 β/α。请注意，这个符号只有当 $\alpha\neq0$，并且 $\alpha\ /\!/\ \beta$ 时才有意义，在其他情形是没有意义的。这种写法的合理性和方便之处在于它符合分式运算的规律。

当 $\alpha\neq0$，并且 β 和 γ 都平行于 α 时，

$$\frac{\beta+\gamma}{\alpha}=\frac{\beta}{\alpha}+\frac{\gamma}{\alpha}\quad（1-9）$$

当 α，β，γ 两两平行，并且 α，β 都不为零时，

$$\frac{\beta}{\alpha}\times\frac{\gamma}{\beta}=\frac{\gamma}{\alpha}\quad（1-10）$$

由定义容易看出：

（1）$\lambda\alpha=0\leftrightarrow\lambda=0$ 或 $\alpha=0$；

（2）$1\alpha=\alpha,(-1)\alpha=-\alpha$。

向量的数乘运算还适合以下规律：对任意向量 α，β 和任意实数 λ，μ，有等式

（3）$\lambda(\mu\alpha)=(\lambda\mu)\alpha$；

（4）$(\lambda+\mu)\alpha=\lambda\alpha+\mu\alpha$；

（5）$\lambda(\alpha+\beta)=\lambda\alpha+\lambda\beta$。

如果两边的长度都等于 $|\lambda||\mu||\alpha|$ 只需再考虑两边的方向。

不妨设 λ，μ，α 都不为 0（否则等式两边都为 0）。如果 $\lambda\mu>0$，两边的方向都和 α 一致，如果 $\lambda\mu<0$，两边的方向都和 α 相反。

2. 如果 λ，μ，α 中出现 0，等式明显成立。下面假定它们都不为 0。先对 λ，μ 都大于 0 这种情形进行证明。此时，$(\lambda+\mu)\alpha$，$\lambda\alpha$ 和 $\mu\alpha$ 的方向都和 α 一致，从而 $\lambda\alpha+\mu\alpha$ 和 $(\lambda+\mu)\alpha$ 方向一致，并且

$$\begin{aligned}&|\lambda\alpha+\mu\alpha|=|\lambda\alpha|+|\mu\alpha|=|\lambda||\alpha|+|\mu||\alpha|\\&\Rightarrow(|\lambda|+|\mu|),|\alpha|=|\lambda+\mu||\alpha|=|(\lambda+\mu)\alpha|\end{aligned}\quad(1\text{-}11)$$

在 λ，μ，$\lambda+\mu$ 中出现负数的情况，只用把系数为负数的项移到等式的另一边，就可化为上述情形。例如，当 $\lambda>0$，$\mu<0$，而 $\lambda+\mu>0$ 时，

$$(\lambda+\mu)\alpha=\lambda\alpha+\mu\alpha\Leftrightarrow\lambda\alpha=(\lambda+\mu)\alpha-\mu\alpha\Leftrightarrow(\lambda+\mu)\alpha+(-\mu)\alpha=\lambda\alpha\text{。}$$

$\lambda+\mu$ 和 $-\mu$ 都是正数，它们的和为 λ，变为已证的情形。

不妨假定 λ,α,β 都不为 0。

如果 α 与 β 平行，则可设 $\beta=\mu\alpha$。

此时

$$\lambda(\alpha+\beta)=\lambda(1+\mu)\alpha=(\lambda+\lambda\mu)\alpha=\lambda\alpha+\lambda\mu\alpha=\lambda\alpha+\lambda\beta\quad(1\text{-}12)$$

如果 α 与 β 不平行，则用作图法可证明等式。

长度等于 1 的向量称为单位向量。如果 $\alpha\neq0$，则 $\alpha/|\alpha|$ 是单位向量，称为 α 的单位化。

三、向量的分解

在几何问题中应用向量的线性运算时，常常涉及到向量分解的概念。

设 $a_1,a_2,\cdots,a_n$ 是一组向量，$\lambda_1,\lambda_2,\cdots,\lambda_n$ 是一组实数，称 $\lambda_1a_1,\lambda_2a_2,\cdots,\lambda_na_n$ 为 $a_1,a_2,\cdots,a_n$（系数为 $\lambda_1,\lambda_2,\cdots,\lambda_n$）的线性组合，它也是一个向量。如果向量 β 等于 $a_1,a_2,\cdots,a_n$ 的一个线性组合，即存在一组实数 $\lambda_1,\lambda_2,\cdots,\lambda_n$，使得 $\beta=\lambda_1a_1,\lambda_2a_2,\cdots,\lambda_na_n$，就说 β 可对 $a_1,a_2,\cdots,a_n$ 分解。

在给出有关向量分解的一个重要定理之前，先介绍向量共线和共面的概念。

如果一组向量平行于同一直线，就称它们共线；如果一组向量平行于同一平面，就称它们共面。向量组 $a_1, a_2, \cdots, a_n$ 共线（面）也就是：当用同一起点 O 作有向线段 $\overrightarrow{OA} = a_i, i = 1, 2, \cdots, n$ 时，$O, A_1, A_2 \cdots A_n$ 共线（面）。

两个向量共线就是它们平行，向量组共线也就是其中任何两个向量都平行；向量组共面也就是其中任何三个向量都共面。因此"判别两个向量是否平行"和"判别三个向量是否共面"，这两个问题是最基本的，也是在应用中是最常遇到的。

从共面的意义容易看出：

（1）如果三个向量中有一个为零向量，或者其中有两个共线，则它们共面。

（2）如果 γ 可以对 α, β 分解，则 α, β, γ 共面。

向量分解定理：

（1）如果三个向量 α, β, γ 共面，并且 α, β 不平行，则 γ 可以对 α, β 分解，并且其分解方式唯一。

（2）如果 α, β, γ 不共面，则任何向量 δ 都可以对 α, β, γ 分解，并且分解方式唯一。

证明：

（1）令 $\overrightarrow{OA} = \alpha$，$\overrightarrow{OB} = \beta$，$\overrightarrow{OC} = \gamma$，由条件可知 O, A, B, C 这四点共面，而 O, A, B 不共线。于是，过 C 点且平行于 $\overrightarrow{OB}$ 的直线与 O, A 两点决定的直线相交，记交点为 D。于是 $\overrightarrow{OD} \parallel \alpha$，$\overrightarrow{DC} \parallel \beta$。由于 α, β 都不是零向量（因为它们不平行），故存在实数 λ, μ，使得 $OD = \lambda\alpha, DC = \mu\beta$。于是

$$\gamma = \overrightarrow{OC} = \overrightarrow{OD} + \overrightarrow{DC} = \lambda\alpha + \mu\beta \quad （1\text{-}13）$$

下面用反证法说明分解方式唯一。如果还有另一个分解式：

$\gamma = \lambda'\alpha + \mu'\beta$ （$\lambda' - \lambda$，$\mu' - \mu$ 不全为 0）。把它和上式相减，得到

$$(\lambda' - \lambda)\alpha + (\mu' - \mu)\beta = 0$$

不妨设 $\mu' - \mu \neq 0$，则

$$\beta = \frac{(\lambda' - \lambda)\alpha}{\mu' - \mu} \quad （1\text{-}14）$$

从而 α, β 平行，与条件矛盾。

（2）令 $\overrightarrow{OA} = \alpha$，$\overrightarrow{OB} = \beta$，$\overrightarrow{OC} = \gamma$，由条件可知 O, A, B, C 不共面。设 $\overrightarrow{OD} \parallel \delta$，过 D 且平行于 $\overrightarrow{OC}$ 的直线与 O, A, B 所决定的平面交于一点 E。于是 $\overrightarrow{ED} \parallel \gamma$，并且

由（1）知道，$\overline{OE}$ 对 α,β 可分解，从而 $\delta = \overline{OE} + \overline{ED}$，对 α,β,γ 可分解。

分解方式的唯一性也可用反证法来证明。如果有两个不同的分解式

$$\delta = \lambda\alpha + \mu\beta + \nu\gamma \text{ 和 } \delta = \lambda'\alpha + \mu'\beta + \nu'\gamma,$$

则 $(\lambda'-\lambda)\alpha + (\mu'-\mu)\beta + (\nu'-\nu)\gamma = 0$。

不妨设 $\nu'-\nu \neq 0$，则

$$\gamma = -\frac{\lambda'-\lambda}{\nu'-\nu}\alpha - \frac{\mu'-\mu}{\nu'-\nu}\beta \quad (1\text{-}15)$$

从而 α,β,γ 共面，与假设矛盾。

分解定理起到了关键的作用，它是建立仿射坐标系的理论基础，也可以说是仿射几何学的基础，它还可以直接用来解某些几何问题。

下面用它给出判断三个向量共面的一个法则。

向量 α,β,γ 共面的充分必要条件是，存在不全为 0 的实数 λ，μ，ν，使得 $\lambda\alpha + \mu\beta + \nu\gamma = 0$。

证明：（1）充分性。

用反证法。假如 α,β,γ 不共面，则根据分解定理，零向量对它们有唯一的分解式。显然

$$0\alpha + 0\beta + 0\gamma = 0$$

于是不可能存在不全为 0 的实数 λ,μ,ν，使得

$$\lambda\alpha + \mu\beta + \nu\gamma = 0$$

（2）必要性。

如果 $\alpha=0$，则

$$1\alpha + 0\beta + 0\gamma = 0$$

如果 $\alpha \neq 0$，但是 $\alpha /\!/ \beta$，则存在 λ，使得 $\beta=\lambda\alpha$，则

$$\lambda\alpha - \beta + 0\gamma = 0$$

如果 α,β 不平行，由分解定理的（1）知道，γ 对 α,β 可分解，

设 $\gamma=\lambda\alpha+\mu\beta$ ，

则 $\lambda\alpha+\mu\beta+(-1)\gamma=0$ 。

四、在三点共线问题上的应用

对向量的线性运算的讨论可以用来解决一些比较复杂的几何问题，特别是有关判别点的共线、共面的问题。比较起来，共线问题用处更大，更加基础，我们在这里只讨论有关三点共线的问题，共面问题在方法上是类似的。

假设 O,A,B 不共线，则点 C 和 A,B 共线的充分必要条件是：向量 $\overrightarrow{OC}$ 对 $\overrightarrow{OA}$ ，$\overrightarrow{OB}$ 可分解，并且分解系数之和等于1。

证明：

（1）必要性。

由于 O,A,B 不共线，$\overrightarrow{OA}$ 和 $\overrightarrow{OB}$ 不平行，并且 $\overrightarrow{AB}\neq 0$ 于是

C 和 A,B 共线 $\Rightarrow \overrightarrow{AC}\parallel\overrightarrow{AB}$

$\Rightarrow$ 存在实数 s 使得 $\overrightarrow{AC}=s\overrightarrow{AB}$ ，即 $\overrightarrow{OA}-\overrightarrow{OC}=s(\overrightarrow{OB}-\overrightarrow{OA})$

$\Rightarrow$ 存在实数 s 使得 $\overrightarrow{OC}=(1-s)\overrightarrow{OA}+s\overrightarrow{OB}$

$\Rightarrow \overrightarrow{OC}$ 对 $\overrightarrow{OA}$ ，$\overrightarrow{OB}$ 可分解，并且分解系数之和等于1。

（2）充分性。

设 $\overrightarrow{OC}=\overrightarrow{OA}+s\overrightarrow{OB}$ ，其中 $\gamma+s=1$ ，即 $\gamma=1-s$ 于是 $\overrightarrow{OC}=(1-s)\overrightarrow{OA}+s\overrightarrow{OB}$ ，即 $\overrightarrow{AC}\parallel s\overrightarrow{AB}$ 。

从而 $\overrightarrow{AC}\parallel\overrightarrow{AB}$ ，C 和 A,B 共线。

数 s 是反映 C 在 A,B 决定的直线上的位置的一个数量：

$$s=\frac{\overrightarrow{AC}}{\overrightarrow{AB}}$$

C 不同，s 也不同。当 C 取遍 A,B 所决定的直线上的所有点时，s 取遍所有实数。s 还与点 O 无关，并且分解式

$$\overrightarrow{OC}=(1-s)\overrightarrow{OA}+s\overrightarrow{OB}$$

对任何点 O 都成立（包含 O,A,B 共线的情形），只是当 O,A,B 不共线时，关于空间任意一点 O，$\overrightarrow{OC}$ 对 $\overrightarrow{OA}$ ，$\overrightarrow{OB}$ 的分解才是唯一的。

中学几何课本里规定的定比概念，也是反映 C 在 A,B 决定的直线上的位置的一个数量，称为简单比，并记作 (A,B,C)。简单比只在 B,C 不同时才有意义，

并且按照定义，当点 C 是线段 AB 的内点时，(A,B,C) 就是线段 AC 和 CB 的长度之比；当点 C 在线段 AB 之外时，(A,B,C) 是负数，绝对值等于线段 AC 和 CB 的长度之比。现在我们可以用向量来表示它：

$$(A,B,C) = \frac{\overrightarrow{AC}}{\overrightarrow{CB}} \quad (1\text{--}16)$$

关于简单比有下面两个等式：

（1）$(A,B,C)(B,A,C)$。（1--17）

（2）$(A,B,C)(A,C,B)$。（1--18）

现在我们有了两个反映 C 在 A,B 决定的直线上的位置的数量：简单比和上面规定的数 s，它们的几何意义都是很明确的，在实际问题中也都是常用的，并且往往在同一问题中它们都出现，因此要熟练掌握它们的换算关系。下面就来推导这个换算关系。

记 $\lambda = (A,B,C)$。

$$s = \frac{\overrightarrow{AC}}{\overrightarrow{AB}} = \frac{\overrightarrow{AC}}{\overrightarrow{CB}} + \frac{\overrightarrow{CB}}{\overrightarrow{AB}} = \frac{\overrightarrow{AC}}{\overrightarrow{CB}} \cdot \frac{\overrightarrow{AB} - \overrightarrow{AC}}{\overrightarrow{AB}} = \lambda(1 - S) \quad (1\text{--}19)$$

由此可求出 $\lambda = \dfrac{s}{1-s}$，$s = \dfrac{\lambda}{1+s}$。

s 和 λ 的换算关系虽然并不复杂，但也不用死记，在具体解题时只要记住 A 和 s 的意义，它们的关系常常可以直观地看出来，特别对于点 C 是线段上的情形（这也是用得最多的情形）。

第三节　仿射坐标系

坐标法的基础是建立坐标系，坐标系的实质是平面或空间的点到有序数组的对应关系。为此首先要建立一个参考系，即坐标标架。例如，平面上由两条互相垂直并且都以交点为零点的两条数轴构成一个平面直角标架，产生一个平面直角坐标系；在平面上取定一条射线，就得到一个平面的极坐标系。这两种坐标系都是用距离、夹角等度量概念来规定坐标的。现在我们用向量的分解定理建立一种新的坐标系，即仿射坐标系。它不涉及度量概念，从而更加适应于仿射几何学。

一、仿射坐标系的定义

假设 e_1, e_2, e_3 是三个不共面的向量，则根据分解定理（1），对于任一向量 α，存在唯一实数组使得 $\alpha = xe_1 + ye_2 + ze_3$。

即 x, y, z 是 α 对向量组 e_1, e_2, e_3 的分解系数。这样，就得到从全体向量的集合到全体三元有序数组的集合的一个对应关系。它是一个一一对应的关系，即一方面不同的向量对向量组 e_1, e_2, e_3 有不同的分解系数，另一方面每个三元有序数组一定是某个向量的分解系数。

取定空间中的一点 O，则又有从空间（作为点集）到全体向量的集合的一一对应关系：点 A 对应到向量 $\overrightarrow{OA}$。

把上述两个一一对应关系结合起来，就得到从空间（作为点集）到全体三元有序数组集合，这就产生了仿射坐标系。

空间中一点 O 与三个不共面向量 e_1, e_2, e_3 一起构成空间的一个仿射标架，记作 $\{O; e_1, e_2, e_3\}$，称 O 为它的原点，称 e_1, e_2, e_3 为它的坐标向量。对于空间的任意一点 A，把向量 $\overrightarrow{OA}$（称为 A 的定位向量）对 e_1, e_2, e_3 的分解系数构成的有序数组称为点 A 关于上述仿射标架的仿射坐标。这样得到的空间的点与三元有序数组的对应关系称为由仿射标架 $\{O; e_1, e_2, e_3\}$ 决定的空间仿射坐标系。

于是，点 P 的坐标是 (x, y, z)，就是 $\overrightarrow{OP} = xe_1 + ye_2 + ze_3$ 取定仿射标架 $\{O; e_1, e_2, e_3\}$ 后，把经过原点 O（并且以其为零点），平行于坐标向量，并以其方向为正向的数轴称为坐标轴。三条坐标轴分别称为 x 轴，y 轴和 z 轴，它们分别平行于 e_1, e_2 和 e_3；两条坐标轴决定的平面称为坐标平面，如 x 轴与 y 轴决定的平面叫作 xy 平面等等。三个坐标平面将空间分割成八块，称为八个卦限。

空间直角坐标系是一种特殊的仿射坐标系，也就是坐标向量为两两互相垂直的单位向量的仿射坐标系。在直角坐标系中，点的三个坐标的绝对值依次就是它到 yz 平面，xz 平面和 xy 平面的距离，正负性由它所在卦限决定。

实际应用中遇到的常常是平面几何问题，此时可用平面仿射坐标系解决。设 π 是一个平面，取点 O 在 π 上，e_1, e_2 是平行于 π 的两个不共线向量，则得到平面仿射标架 $\{O; e_1, e_2\}$。π 上的点 A 关于 $\{O; e_1, e_2\}$ 中的坐标是二元有序数组，由向量 $\overrightarrow{OA}$ 对 e_1, e_2 的分解系数构成。当 e_1, e_2 是互相垂直的单位向量时，相应的坐标系就是大家早就熟悉的平面直角坐标系。

平面坐标系在性质上和空间坐标系完全一样，只是更简单。以后我们讲坐标的性质时只说空间情形，读者应能用到平面情形中去。

二、向量的坐标

取定了空间仿射标架 $\{O;e_1,e_2,e_3\}$ 后，向量也有了坐标，就是它对 $\{e_1,e_2,e_3\}$ 的分解系数。于是点 A 的坐标也就是它的定位向量 $\overline{OA}$ 的坐标。坐标向量 $\{e_1,e_2,e_3\}$ 的坐标分别为（1，0，0），（0，1，0），（0，0，1）。零向量的坐标为（0，0，0）。

平行于平面 π 的每个向量关于 π 上的仿射坐标系 $\{O;e_1,e_2\}$ 的坐标是它对 $\{e_1,e_2\}$ 的分解系数[①]。

仿射标架和仿射坐标系是两个不同的概念，但是它们又是互相决定的。一方面仿射坐标系由仿射标架来规定，另一方面仿射坐标系又决定仿射标架：原点 O 是坐标为（0，0，0）的点；坐标向量 e_1,e_2 和 e_3 依次是坐标为（1，0，0），（0，1，0）和（0，0，1）的向量。为了方便，以后我们常对仿射标架和由它决定的仿射坐标系不加区别，直接称 $\{O;e_1,e_2,e_3\}$ 为仿射坐标系。

取定一个空间仿射坐标系 $\{O;e_1,e_2,e_3\}$。设向量 α,β 的坐标分别是 (a_1,a_2,a_3)，(b_1,b_2,b_3)，则

（1） $\alpha+\beta$ 的坐标为 $(a_1+b_1,a_2+b_2,a_3+b_3)$；

（2）对任何实数 $\lambda,\lambda\alpha$ 的坐标为 $(\lambda a_1,\lambda a_2,\lambda a_3)$。

证明：

（1）由坐标的定义，

$$\alpha = a_1e_1 + a_2e_2 + a_3e_3, \quad \beta = b_1e_1 + b_2e_2 + b_3e_3$$

于是

$$\alpha + \beta = (a_1 + b_1)e_1 + (a_2 + b_2)e_2 + (a_3 + b_3)e_3$$

从而 $\alpha+\beta$ 的坐标为 $(a_1+b_1,a_2+b_2,a_3+b_3)$。

（2） $\lambda\alpha = \lambda a_1e_1 + \lambda a_2e_2 + \lambda a_3e_3$ 从而 $\lambda\alpha$ 的坐标为 $(\lambda a_1,\lambda a_2,\lambda a_3)$。

这个定理说明可以用坐标作向量的线性运算。

---

① 杨德贵. 高等代数与解析几何一体化教学改革的探索 [J]. 贵州师范大学学报（自然科学版），2005（04）：101-104.

综合定理的（1）和（2）可得到更一般的结论：设 $a_1, a_2, \cdots, a_n$ 是一组向量，$\lambda_1, \lambda_2, \cdots, \lambda_n$ 是一组实数，如果 α_i 的坐标为 $(x_i, y_i, z_i), i = 1, 2, \cdots, n$ ，则 $a_1, a_2, \cdots, a_n$ 的线性组合 $\lambda_1 a_1, \lambda_2 a_2, \cdots, \lambda_n a_n$ 的坐标为

$$\left(\sum_{i=1}^{n} \lambda_i x_i, \sum_{i=1}^{n} \lambda_i y_i, \sum_{i=1}^{n} \lambda_i z_i \right)$$

从定理还可得到点的坐标和向量坐标的关系。

推论设点 A，B 的坐标分别是 (a_1, a_2, a_3)，(b_1, b_2, b_3)，则向量 $\overrightarrow{AB}$ 坐标为 $(b_1 - a_1, b_2 - a_2, b_3 - a_3)$。

第四节　向量的内积、外积与混合积

一、向量的内积

向量有两种乘积运算：内积和外积，它们在长度、角度、面积等度量的计算中起着重要的作用。

内积运算有很强的物理背景，因此有许多实际应用，在数学的其他领域（如代数、泛函等）中它将被推广，成为那里的重要基础概念和工具。

（一）向量的投影

物理学中常常要把一个向量分解成两个互相垂直的向量之和。例如求一个力所作的功，先把它分解为两个力之和，第一个力平行于受力物体的运动方向，第二个力垂直于该方向（这时所求的功与第二个力无关，完全由第一个力决定），向量的投影就是与这种"垂直分解"有关的几何概念，它是讨论内积和外积的共同的准备知识[1]。

设 α 是一个向量，取定非零向量 e（它代表了一个方向），首先说明 α 可唯一地分解为两个向量的和，其中一个平行于 e，另一个垂直于 e，作 $\overrightarrow{OA} = \alpha$，$\overrightarrow{OE} = e$，记 B 是 A 在直线 OE 上的垂足。于是 α 可分解为两个向量 $\overrightarrow{OB}$ 与 $\overrightarrow{BA}$ 之和，它们分别与 e 平行或垂直，再证明这种分解是唯一的。假设 $\alpha = \alpha_1 + \alpha_2$，又

---

① 柴化安. 利用向量投影凸显几何直观 [J]. 中学数学教学，2018（6）：47–48.

$\alpha = \alpha_1' + \alpha_2'$，$\alpha_1$ 和 α_1' 都平行于 e，α_2 和 α_2' 都垂直于 e，则 $\alpha_1 - \alpha_1' = \alpha_2' - \alpha_2$，并且它既平行于 e，又垂直于 e。因为 e 不是零向量，所以 $\alpha_1 - \alpha_1' = \alpha_2' - \alpha_2 = 0$，即 $\alpha_1 = \alpha_1'$，$\alpha_2' = \alpha_2$。

设 α 是一个向量，e 是一个非零向量，作分解式 $\alpha = \alpha_1 + \alpha_2$，使得 $\alpha_1 /\!/ e$，$\alpha_2 \perp e$，则称 α_1 和 α_2 分别为 α 在 e 方向上的内投影和外投影，分别记作 $p_e\alpha$ 和 $\overline{p}_e\alpha$。

由定义看出，内投影和外投影都与 e 的大小无关，只与其方向有关。

设 α 和 β 是两个非零向量，记 $\langle \alpha, \beta \rangle$ 为它们的几何夹角（其弧度界于 0 与 π 之间）。

记 $e_0 = \dfrac{e}{|e|}$，从几何上容易看出，$\alpha \neq 0$ 时，

$$p_e\alpha = |\alpha|\cos\langle \alpha, e \rangle e_0$$

即 $\dfrac{p_e\alpha}{e_0} = |\alpha|\cos\langle \alpha, e \rangle$。

投影具有线性性质，即，

（1）对任意两个向量 α, β，

$$p_e(\alpha + \beta) = p_e\alpha + p_e\beta, \quad \overline{p}_e(\alpha + \beta) = \overline{p}_e\alpha + \overline{p}_e\beta$$

（2）对任意向量 α 和实数 λ，

$$p_e(\lambda\alpha) = \lambda p_e\alpha, \quad \overline{p}_e(\lambda\alpha) = \lambda\overline{p}_e\alpha$$

证明：

把 $\alpha = p_e\alpha + \overline{p}_e\alpha$ 和 $\beta = p_e\beta + \overline{p}_e\beta$ 相加，得

$$\alpha + \beta = p_e\alpha + \overline{p}_e\alpha + p_e\beta + \overline{p}_e\beta$$

其中 $p_e\alpha + p_e\beta$ 平行于 e，并且从几何直观容易看出 $\overline{p}_e\alpha + \overline{p}_e\beta$ 垂直于 e，于是根据分解的唯一性，得到

$$p_e(\alpha + \beta) = p_e\alpha + p_e\beta, \quad \overline{p}_e(\alpha + \beta) = \overline{p}_e\alpha + \overline{p}_e\beta$$。

（二）内积的定义

两个向量的内积是一个数，它的物理背景之一是力做功的计算。功 W 是一

个数量，由力 f 和受力物体的位移 s 这两个矢量决定，计算公式为

$$W = |f||s|\cos\theta$$

其中 θ 是 $|f|$ 和 $|s|$ 的夹角，这类计算抽象成几何学中的内积运算。

定义 1.5

两个向量 α，β 的内积是一个实数，记作 $\alpha \cdot \beta$，当 α，β 中有零向量时，$\alpha \cdot \beta = 0$；否则

$$\alpha \cdot \beta = |a||\beta|\cos\langle\alpha, \beta\rangle$$

显然，$\alpha \cdot \beta = 0 \Leftrightarrow \alpha$ 垂直于 β。

把一个向量 α 与它自己的内积 $\alpha \cdot \alpha$ 记作 α^2。按照定义，$\alpha^2 = |\alpha|^2 \geq 0$，于是得到用内积计算向量长度的公式：

$$|\alpha| = \sqrt{\alpha \cdot \alpha}$$

还可用内积计算两个向量的夹角：

$$\cos\langle\alpha, \beta\rangle = \frac{\alpha \cdot \beta}{|\alpha||\beta|}$$

$$\langle\alpha, \beta\rangle = \arccos\frac{\alpha \cdot \beta}{|\alpha||\beta|}$$

以后还要介绍用坐标直接计算内积的办法，到那时这两个公式才有实用意义。

从定义还可看出，内积运算具有对称性：

$$\alpha \cdot \beta = \beta \cdot \alpha$$

设 $\beta \neq 0$，记 $\beta_0 = \dfrac{\beta}{|\beta|}$，$\beta$ 方向上的单位向量，则当 $\alpha \neq 0$ 时，

$$|\alpha|\cos\langle\alpha, \beta\rangle = \frac{p \cdot \alpha}{\beta_0}。$$

从而 $\alpha \cdot \beta = \dfrac{p_\beta \alpha}{\beta_0}|\beta|$。

在 $\alpha = 0$ 时，显然等式两边都为 0，因此也成立。

（三）内积的双线性性质

定理：对任意向量 α，β，γ 和实数 λ，有等式

（1）$(\lambda\alpha)\cdot\beta=\lambda(\alpha\cdot\beta)=\alpha(\lambda\cdot\beta)$；

（2）$(\alpha+\gamma)\cdot\beta=\alpha\cdot\beta+\gamma\cdot\beta$，$\alpha\cdot(\beta+\gamma)=\alpha\cdot\beta+\alpha\cdot\gamma$

证明

当 $\beta=0$ 时，显然各式都成立。下面设 $\beta\neq0$：

（1）$(\lambda\alpha)\cdot\beta=\dfrac{p_\beta(\lambda\alpha)}{\beta_0}|\beta|=\lambda\dfrac{p_\beta\alpha}{\beta_0}|\beta|=\lambda(\alpha\cdot\beta)$；

用对称性可知另一个等号也成立。

（2）$\begin{aligned}(\alpha+\gamma)\cdot\beta&=\dfrac{p_\beta(\alpha+\gamma)}{\beta_0}|\beta|=\dfrac{p_\beta\alpha+p_\beta\gamma}{\beta_0}|\beta|=\dfrac{p_\beta\alpha}{\beta_0}|\beta|+\dfrac{p_\beta\gamma}{\beta_0}|\beta|\\&=\alpha\cdot\beta+\gamma\cdot\beta\end{aligned}$

用对称性可得到另一个等式。

定理说明内积运算对两个因子都有线性性质，它具有双线性性质，是一个重要而深刻的性质，有了它，我们可以用内积直接解决许多几何问题。

（四）用坐标计算内积

内积的一种重要应用是计算长度和角度，为此，我们先介绍用坐标计算内积的方法。设在坐标系 $\{O;e_1,e_2,e_3\}$ 中，向量 α，β 的坐标分别是 (a_1,a_2,a_3)，(b_1,b_2,b_3)，则

$$\alpha=a_1e_1+a_2e_2+a_3e_3，\quad\beta=b_1e_1+b_2e_2+b_3e_3$$

于是由内积的双线性性质得到

$$\begin{aligned}\alpha\cdot\beta&=a_1b_1e_1^2+(a_1b_2+a_2b_1)e_1\cdot e_2+(a_1b_3+a_3b_1)e_1\cdot e_3\\&+a_2b_2e_2^2+(a_2b_3+a_3b_2)e_2\cdot e_3+a_3b_3e_3^2\end{aligned}$$

要继续计算，就必须知道 $e_ie_j(i,j=1,2,3)$ 的数值（称为此坐标系的度量参数），通常选用直角坐标系，此时

$$e_i^2=1,i=1,2,3$$

$$e_i\cdot e_j=0,(i\neq j)$$

代入上式，得到

$$\alpha \bullet \beta = a_1 b_1 + a_2 b_2 + a_3 b_3$$

于是，在直角坐标系中，两个向量的内积等于它们的对应坐标乘积之和。

有了这个结论，内积的计算就很容易了，用内积求向量的长度和角度也就有了实际可能性。设向量 α，β 在直角坐标系中的坐标分别为 (a_1, a_2, a_3)，(b_1, b_2, b_3)，则

$$|\alpha| = \sqrt{a_1{}^2 + a_2{}^2 + a_3{}^2}$$

$$\cos\langle \alpha, \beta \rangle = \frac{a_1 b_1 + a_2 b_2 + a_3 b_3}{\sqrt{a_1{}^2 + a_2{}^2 + a_3{}^2}\sqrt{b_1{}^2 + b_2{}^2 + b_3{}^2}}$$

二、向量的外积

向量的外积也有很强的物理学背景。两个向量的外积是一个向量。物理学中有很多用两个矢量决定第三个矢量的运算，例如由力和力臂决定力矩，磁场中的电流受到的力，导体切割磁力线产生电动势等等。这类运算提炼成几何学中两个向量的外积运算。由于得到的是向量，在外积的定义中比内积多了对于方向的规定。综观上述各类物理运算，所得向量的方向都垂直于给定的那两个向量。但这样的方向有两个，还要决定其中一个。为此，我们先介绍三个不共面向量的定向的概念。

（一）三个不共面向量的定向

在平面直角坐标系上就已经有了定向的概念。如果直角坐标系的 x 轴逆时针旋转 90° 角后与 y 轴重合，就称它是右手系；x 轴顺时针旋转 90° 角后与 y 轴重合，就称它是左手系。也可这样来描述：当你面朝 x 轴的正向时，y 轴在你的左侧就是右手系；y 轴在你的右侧就是左手系。后一种描述法可用来描述平面上的任意两个不共线向量 α 和 β 的定向：当你面朝 α 的方向时，β 指向你的左侧，就说 α、β 是右手系；β 指向你的右侧，就说 α、β 是左手系。可是，如果把平面放在空间中，上述规定就有问题了：从平面的不同侧向看，左右概念是颠倒的。为此，必须先确定一个侧向，才能规定平面上两个不共线向量的定向。

现在设 α，β，γ 是空间中的三个不共面的向量。如果把 α，β 放在一张平面上，

在 γ 所指的该平面的那一侧看它们，若是右手系，则称 α, β, γ 是右手系；若是左手系，则称 α, β, γ 是左手系。这就是所谓三个不共面向量的定向。于是，任何空间仿射坐标系都有定向。

三个不共面向量的定向还有一种形象的描述。平伸出右手，让竖起的大拇指指向 α 的方向，并拢的四指指向 β 的方向，则如果 γ 指向手心所对的一侧，则称 α, β, γ 是右手系，否则称左手系。

排列顺序在决定三个不共面向量的定向时是重要的。当把其中两个向量对换时，定向要改变。于是当 α, β, γ 是右手系时，β, γ, α 和 γ, α, β 也是右手系；而 α, γ, β 是左手系，β, α, γ 和 γ, β, α 也都是左手系。

当向量组中的某一个向量用它的负向量代替时，定向要改变。

（二）外积的定义

两个向量 α, β 的外积是一个向量，记作 $\alpha \times \beta$，它的长度

$$|\alpha \times \beta| = |\alpha||\beta|\sin\langle\alpha, \beta\rangle$$

（即 α, β 的所夹平行四边形的面积，因此当 α, β 平行时，$\alpha \times \beta = 0$），当 α, β 不平行时，它和 α, β 都垂直，并且 $\alpha, \beta, \alpha \times \beta$ 构成右手系。

由定义立即可得出，

$$\alpha \times \beta = 0 \Leftrightarrow \alpha /\!/ \beta$$

外积没有交换性，从定义容易看出，$\alpha \times \beta$ 与 $\beta \times \alpha$ 的大小相等，并且都垂直于 α 和 β，但是 $\beta, \alpha, \beta \times \alpha$ 是右手系，而 $\beta, \alpha, \alpha \times \beta$ 是左手系，这说明

$$\beta \times \alpha = -\alpha \times \beta$$

这个性质称为外积的反交换性。

（三）外积的双线性性质

如果 α 为单位向量，并且 α 垂直于 β，那么 $\alpha \times \beta$ 就是 β 绕 α 旋转 90° 而得到的向量。

如果 $\alpha \neq 0$，记 α_0 为 α 方向的单位向量，用定义可看出 $\alpha \times \beta$ 和 $\alpha_0 \times \beta$ 有相同的方向，但

$$|\alpha \times \beta| = |\alpha||\alpha_0 \times \beta|,$$

于是 $\alpha \times \beta = |\alpha|\alpha_0 \times \beta$。

从定义还可看出，$\alpha \times \overline{p}_\alpha\beta$ 和 $\alpha \times \beta$ 的方向和大小都相同，即

$$\alpha \times \beta = \alpha \times \overline{p}_\alpha\beta$$

综上所述，得到：

定理：

如果 $\alpha \neq 0$，则 $\alpha \times \beta$ 就是 $\overline{p}_\alpha\beta$ 绕 α 旋转 90° 而得到的向量的 $|\alpha|$ 倍。

对任意向量 α，β，γ 和实数 λ，有等式

（1）$\alpha \times (\lambda\beta) = \lambda(\alpha \times \beta) = (\lambda\alpha) \times \beta$；

（2）$\alpha \times (\beta + \gamma) = \alpha \times \beta + \alpha \times \gamma, (\alpha + \gamma) \times \beta = \alpha \times \beta + \beta \times \gamma$。

证明：

（1）先证左面的等式。

如果 α 是单位向量，则

$$\alpha \times (\lambda\beta) = \alpha \times \overline{p}_\alpha(\lambda\beta) = \alpha \times \lambda\overline{p}_\alpha\beta$$

是 $\lambda\overline{p}_\alpha\beta$ 绕 α 旋转 90° 所得向量，即 $\overline{p}_\alpha\beta$ 绕 α 旋转 90° 所得向量的 λ 倍，也就是 $\lambda(\alpha \times \beta)$。于是

$$\alpha \times (\lambda\beta) = \lambda(\alpha \times \beta)$$

如果 $\alpha \neq 0$，则

$$\alpha \times (\lambda\beta) = |\alpha|\alpha_0 \times (\lambda\beta) = \lambda|\alpha|\alpha_0 \times \beta = \lambda(\alpha \times \beta)。$$

如果 $\alpha = 0$，等式显然成立。

用外积的反对称性和第一个等式可证明第二个等式：

$$(\lambda\alpha) \times \beta = -\beta \times (\lambda\alpha) = \quad \lambda\beta \times \alpha = \lambda(\alpha \times \beta)$$

（2）只证第一个等式，第二个等式的处理方法同（1）。不妨设 $\alpha \neq 0$。

设 α_0 是 α 的单位向量，

$$\alpha \times (\beta+\gamma)=|\alpha|\alpha_0 \times \overline{p}_\alpha(\beta+\gamma)=|\alpha|\alpha_0 \times (\overline{p}_\alpha\beta+\overline{p}_\alpha\gamma)$$

它是 $\overline{p}_\alpha\beta+\overline{p}_\alpha\gamma$ 绕 α_0 旋转 90°所得向量的 $|\alpha|$ 倍，也就是 $\overline{p}_\alpha\beta$ 和 $\overline{p}_\alpha\gamma$ 分别绕 α_0 旋转 90°所得向量之和的 $|\alpha|$ 倍，即

$$|\alpha|\alpha \times \beta+|\alpha|\alpha \times \gamma=\alpha \times \beta+\alpha \times \gamma$$

于是得到等式

$$\alpha \times (\beta+\gamma)=\alpha \times \beta+\alpha \times \gamma$$

（四）用坐标计算外积

设 $\{O;e_1,e_2,e_3\}$ 是一个仿射坐标系，则

$$e_1 \times e_1=e_2 \times e_2=e_3 \times e_3=0$$

设向量 α 和 β 的坐标分别为 (a_1,a_2,a_3) 和 (b_1,b_2,b_3)，则用外积的性质得到

$$\alpha \times \beta=(a_1e_1+a_2e_2+a_3e_3)\times(b_1e_1+b_2e_2+b_3e_3)$$
$$=a_1b_2e_1 \times e_2+a_1b_3e_1 \times e_3+a_2b_1e_2 \times e_1+a_2b_3e_2 \times e_3+a_3b_1e_3 \times e_1+a_3b_2e_3 \times e_2$$
$$=(a_1b_2-a_2b_1)e_1 \times e_2+(a_2b_3-a_3b_2)e_2 \times e_3+(a_3b_1-a_1b_3)e_3 \times e_1$$
$$=\begin{vmatrix} a_2 & a_3 \\ b_2 & b_3 \end{vmatrix}e_2 \times e_3-\begin{vmatrix} a_1 & a_3 \\ b_1 & b_3 \end{vmatrix}e_3 \times e_1+\begin{vmatrix} a_1 & a_2 \\ b_1 & b_2 \end{vmatrix}e_1 \times e_2$$

如果 $\{O;e_1,e_2,e_3\}$ 是右手直角坐标系，则

$$e_1 \times e_1=e_3, \quad e_2 \times e_3=e_1, \quad e_3 \times e_1=e_2$$

即向量 $\alpha \times \beta$ 的坐标为

$$\left(\begin{vmatrix} a_2 & a_3 \\ b_2 & b_3 \end{vmatrix},\begin{vmatrix} a_3 & a_1 \\ b_3 & b_1 \end{vmatrix},\begin{vmatrix} a_1 & a_2 \\ b_1 & b_2 \end{vmatrix}\right).$$

三、向量的混合积

两个向量的外积是向量，它还可同别的向量相乘，这就产生了向量的多重乘积的概念。本节要介绍的是两种比较有用的情形：二重外积和混合积。

（一）二重外积

形如 $(\alpha \times \beta)\times\gamma$ 和 $\alpha \times(\beta \times \gamma)$ 的运算称为向量的二重外积。请注意一般

来说（$\alpha\times\beta$）$\times\gamma$ 和 $\alpha\times$（$\beta\times\gamma$）是不相等的，即二重外积没有结合律。例如当 $\alpha=\beta$ 不为零，并且与 γ 不平行时，（$\alpha\times\beta$）$\times\gamma=0$，而 $\alpha\times$（$\beta\times\gamma$）$=0$。

对任意向量 α，β，γ 有等式

（1）$(\alpha\times\beta)\times\gamma=(\alpha\bullet\gamma)\beta-(\beta\bullet\gamma)\alpha$。

（2）$\alpha\times(\beta\times\gamma)=(\alpha\bullet\gamma)\beta-(\alpha\bullet\beta)\gamma$。

证明

这里只验证（1）（2）可从外积的反交换性和（1）推出。

如果 α，β 平行，不妨设 $\alpha=k\beta$。（1）式左边显然为零，其右边

$$(\alpha\bullet\gamma)\beta-(\beta\bullet\gamma)\alpha=k(\beta\bullet\gamma)\beta-k(\beta\bullet\gamma)\beta=0$$

如果 α，β 不平行，则 $\alpha\times\beta\neq0$，且垂直于 α。

作直角坐标系 $\{O;e_1,e_2,e_3\}$，使得 $e_1=\dfrac{\alpha}{|\alpha|}$，$e_3=\dfrac{\alpha\times\beta}{|\alpha\times\beta|}$。此时 α，β，γ 的坐标可依次假设为 $(a,0,0)$，$(b_1,b_2,0)$，(c_1,c_2,c_3)，则 $\alpha\times\beta$ 的坐标为 $(0,0,ab_2)$，$(\alpha\times\beta)\times\gamma$ 的坐标为 $(-ab_2c_2,ab_2c_1,0)$。而 $\alpha\cdot\gamma=ac_1$，$\beta\cdot\gamma=b_1c_1+b_2c_2$，从而 $(\alpha\cdot\beta)\beta-(\beta\cdot\gamma)\alpha$ 的坐标为 $(ac_1b_1-ac_1b_1-ab_2c_2,ac_1b_2-0,0-0)=(-ab_2c_2,ab_2c_1,0)$。

因此（1）式成立。

（二）混合积

把 $\alpha\times\beta\times\gamma$（先作外积，后作内积）称为向量 α，β，γ 的混合积，记作（α，β，γ）。混合积是一个数，它具有明确的几何意义。

如果 α，β，γ 共面，则 $\alpha\times\beta$ 与 γ 垂直，从而（α，β，γ）$=0$。

下面设 α，β，γ 不共面，并且构成右手系。作平面 π 平行于 α，β，则 γ 和 $\alpha\times\beta$ 都指向 π 的同一侧，而 $\alpha\times\beta$ 与 π 垂直，于是（$\gamma,\alpha\times\beta$）是锐角。

$$(\alpha,\beta,\gamma)=\alpha\times\beta\cdot\gamma=|\alpha\times\beta||\gamma|\cos\langle\gamma,\alpha\times\beta\rangle>0$$

如果 α，β，γ 构成左手系，则（γ，$\alpha\times\beta$）是钝角，（α，β，γ）<0。

下面给出 α，β，γ 不共面时混合积的几何意义。任取一点 O，作 $\overrightarrow{OA}=\alpha,\overrightarrow{OB}=\beta,\overrightarrow{OC}=\gamma$。则以线段 OA,OB,OC 为棱的平行六面体的体积为

$$V=|\alpha\times\beta|h$$

其中 h 是 C 到 O, A, B 所在平面的距离，

$$h = |\gamma||\cos\langle\gamma, \alpha\times\beta\rangle|$$

因此当 α，β，γ 构成右手系时，（α，β，$\gamma=V$），当 α，β，γ 构成左手系时，$(\alpha, \beta, \gamma) = -V$。

混 合 积 有 下 面 几 个 常 用 性 质： ① $(\alpha, \beta, \gamma) = 0 \Leftrightarrow \alpha, \beta, \gamma$ 共 面； ② $(\alpha, \beta, \gamma) = (\beta, \gamma, \alpha) = (\gamma, \alpha, \beta)$； ③ $(\alpha, \beta, \gamma) = \alpha \cdot \beta \times \gamma$。（①和②从混合积的几何意义立即可以看出，③的等号右边即为（β，γ，α））

（三）用坐标计算混合积

假设向量 α, β, γ 在仿射坐标系 $\{O; e_1, e_2, e_3\}$ 中的坐标依次为 (a_1, a_2, a_3)，(b_1, b_2, b_3)，(c_1, c_2, c_3)，则

$$\alpha \times \beta = \begin{vmatrix} a_2 & a_3 \\ b_2 & b_3 \end{vmatrix} e_2 \times e_3 - \begin{vmatrix} a_1 & a_3 \\ b_1 & b_3 \end{vmatrix} e_3 \times e_1 + \begin{vmatrix} a_1 & a_2 \\ b_1 & b_2 \end{vmatrix} e_1 \times e_2$$

于是

$$(\alpha, \beta, \gamma) = \left(c_1 \begin{vmatrix} a_2 & a_3 \\ b_2 & b_3 \end{vmatrix} + c_2 \begin{vmatrix} a_1 & a_3 \\ b_1 & b_3 \end{vmatrix} + c_3 \begin{vmatrix} a_1 & a_2 \\ b_1 & b_2 \end{vmatrix} \right)(e_1, e_2, e_3) = \begin{vmatrix} a_1 & a_2 & a_3 \\ b_1 & b_2 & b_3 \\ c_1 & c_2 & c_3 \end{vmatrix}(e_1, e_2, e_3)$$

设向量 α，β，γ 在某个仿射坐标系 $\{O; e_1, e_2, e_3\}$ 中的坐标依次为 (a_1, a_2, a_3)，(b_1, b_2, b_3)，(c_1, c_2, c_3)，则向量组 α，β，γ 共面的充分必要条件为

证明：因为 $(e_1, e_2, e_3) \neq 0$，所以

$$\alpha, \beta, \gamma \text{ 共面} \Leftrightarrow (\alpha, \beta, \lambda) = 0 \Leftrightarrow \begin{vmatrix} a_1 & a_2 & a_3 \\ b_1 & b_2 & b_3 \\ c_1 & c_2 & c_3 \end{vmatrix} = 0$$

如果向量 α，β，γ 在右手直角坐标系 $\{O; e_1, e_2, e_3\}$ 中的坐标依次为 (a_1, a_2, a_3)，(b_1, b_2, b_3)，(c_1, c_2, c_3)，则

$$(\alpha, \beta, \gamma) = \begin{vmatrix} a_1 & a_2 & a_3 \\ b_1 & b_2 & b_3 \\ c_1 & c_2 & c_3 \end{vmatrix}$$

证明

当 $\{O;e_1,e_2,e_3\}$ 是右手直角坐标系时，$(e_1,e_2,e_3)=1$，从而得到结论。

第二章

空间的平面和直线

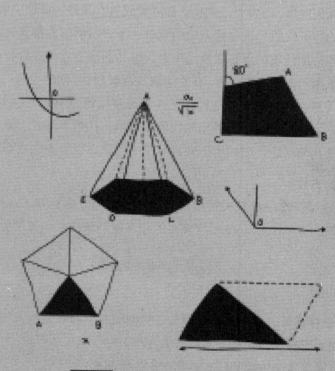

空间解析几何的主要内容是用代数方法研究空间曲线和曲面的性质。前一章中我们介绍了仿射坐标系，在空间引入坐标系后，空间的点与三元数组间建立了对应关系。在此基础上，把曲线和曲面看作点的几何轨迹，就可建立曲线、曲面与方程之间的对应关系。本章主要介绍在直角坐标系下曲线和曲面的方程表示，利用向量代数和线性方程组的理论来导出平面和直线的方程，并讨论它们的相互位置关系。这里需要指出，如果所讨论的问题只涉及点、直线、平面的位置关系（如点在直线或平面上、直线在平面上相交、平行等），而不涉及有关距离、夹角（包括垂直）等所谓度量性质，完全可以用仿射坐标系代替直角坐标系进行讨论[①]。

第一节　图形与方程

空间中的几何图形（如曲线、曲面）都可看成具有某种特征性质的点的集合。几何图形的点的特征性质，包含两方面的意思：①该图形的点都具有这种特征性质；②具有这种特征性质的点必在该图形上。因此图形上点的这种特征性质，也可说成是点在该图形上的充要条件。在空间取定标架后，空间的点与三元组(x, y, z)建立一一对应关系。图形上点的这种特征性质通常反映为坐标(x, y, z)应满足的相互制约条件，一般可用代数式子（如代数方程组，代数不等式）来表示。这样研究空间图形的几何问题，归结为研究其对应的代数方程组或代数不等式。

一、曲面的方程

空间的曲面可看作满足某种特性的点的轨迹。建立坐标系 $Oxyz$，曲面上点的特征性质反映为点的坐标 x, y, z 所应满足的相互制约条件，一般用方程

$$F(x, y, z) = 0 \quad (2-1)$$

来表示。

建立空间坐标系后，如果一个方程与一张曲面有下面的关系：

（1）曲面上所有点的坐标都满足这个方程；

（2）坐标满足这个方程的所有点都在这张曲面上。

---

① 朱鼎勋，陈绍菱. 空间解析几何学 [M]. 北京师范大学出版社，1984.

那么这个方程叫做曲面的方程，而这张曲面叫做这个方程的图形。方程（2–1）通常叫做曲面的一般方程或普通方程。

一般说来，在空间直角坐标系下（即取定一标架 $|O; i,j,k|$），如果点的坐标 x,y,z 表示成两个变量 u,v 的函数

$$\begin{cases} x = x(u,v) \\ y = y(u,v) \\ z = z(u,v) \end{cases} (a \leq u \leq b, c \leq u \leq d) \quad （2–2）$$

对于 u,v 在所属范围内的每对值，由方程（2–2）所确定的点都在某一曲面上；反之，该曲面上的每个点的坐标 x,y,z 都可由 u,v 在所属范围内的一对值通过方程（2–2）来表示，则方程（2–2）称为该曲面的参数方程，u,v 称为参数。从曲面的参数方程消去参数 u,v 就可以得到曲面的一般方程。在本节的学习中我们应掌握参数方程和一般方程的互化。

曲面中的每点都有一径向量与之对应，我们也可采用向量值函数来表示一张曲面。通常记作

$$r=r(u,v) \quad (a \leq u \leq b, c \leq u \leq d) \quad （2–3）$$

在直角标架 $|O; i,j,k|$，有下面分解式子

$$r(u,v) = x(u,v)i + y(u,v)j + z(u,v)k \quad （2–4）$$

其中 $a \leq u \leq b, c \leq u \leq d$，（2–4）通常也称为曲面的向量式参数方程。

二、曲线的方程

空间的曲线可以看作两张曲面的交线。设两曲面的方程分别为 $F(x,y,z)=0$ 和 $G(x,y,z)=0$，如果曲线 C 和方程组

$$\begin{cases} F(x,y,z) = 0 \\ G(x,y,z) = 0 \end{cases} （2–5）$$

有如下关系：

（1）曲线 C 上所有点的坐标都满足方程组。

（2）坐标满足方程组的所有点都在曲线 C 上。

则方程组（2-5）称为曲线 C 的方程，也称为曲线 C 的一般方程。

另一方面，曲线又可表示为一动点的运动轨迹，动点的坐标 x,y,z 表示为一个变量 t 的函数，

$$\begin{cases} x = x(t) \\ y = y(t) \\ z = z(t) \quad (a \leqslant t \leqslant b) \end{cases} \quad (2\text{-}6)$$

如果对于 t 在所属范围内的一个值，这方程所确定的点都在曲线 C 上；并且曲线 C 上的每点的坐标都可以由 t 在所属范围内的某个值通过方程（2-6）来表示，则方程（2-6）称为曲线 C 的参数方程，t 称为参数。从曲线的参数方程消去参数就可以得到曲线的一般方程。当然，我们也可写出曲线的向量式参数方程。

$$r(t) = x(t)i + y(t)j + z(t)k, \quad a \leqslant t \leqslant b \quad (2\text{-}7)$$

例 2-1

写出以原点为球心，半径为 5 的球面和过点（1，1，4）且平行于 xOy 坐标面的平面的交线方程。

解：球面方程为 $x^2 + y^2 + z^2 = 25$，平面方程为 $z=4$。它们的交线方程为：

$$\begin{cases} x^2 + y^2 + z^2 = 25 \\ z = 4 \end{cases}$$

等价于：

$$\begin{cases} x^2 + y^2 = 9 \\ z = 4 \end{cases}$$

故其参数方程为：

$$\begin{cases} x = 3\cos\theta \\ y = 3\sin\theta, 0 \leqslant \theta \leqslant 2\pi \\ z = 4 \end{cases}$$

三、曲面、曲线方程举例

（一）圆柱面

由例 2-1 知，xOy 平面上以原点为圆心，R 为半径的圆 C，可看成由以原点

为球心，以 R 为半径的球面：$x^2 + y^2 + z^2 = R^2$ 和 xOy 平面 $z=0$ 相交形成，因此它的方程可写成

$$\begin{cases} x^2 + y^2 = R^2 \\ z = 0 \end{cases} \qquad (2\text{-}8)$$

z 轴与这个图形所在的平面，即 xOy 平面垂直，这时我们称 z 轴方向是 xOy 平面的法向。一直线保持平行于 z 轴方向且与圆 C 相交，经过移动所产生的曲面就是圆柱面。圆 C 是该圆柱面的一条"准线"，构成圆柱面的每一条直线叫作"母线"。[①]

设 $P(x,y,z)$ 是圆柱面上的任一点，则过 P 且与 z 轴平行的直线是圆柱面的一条母线。它必与准线 C 相交，交点 P' 的坐标为 $(x,y,0)$。由于 P' 在准线 C 上，其坐标必满足准线方程。因此 P 的坐标满足

$$x^2 + y^2 = R^2 \qquad (2\text{-}9)$$

反之，若一点 $P(x,y,z)$ 的坐标满足方程（2-9）。过 P 作 z 轴的平行线交 xOy 平面于一点 P，则 P' 的坐标为 $(x,y,0)$，该点的坐标满足（2-8）。这表明 P' 在准线 C 上，所以直线 PP' 是所求圆柱面的母线，从而 P 点在所求圆柱面上。由此我们可知圆柱面方程为（2-8）式。

设 OP' 是由 x 轴在 xOy 平面上绕 O 点逆时针（从 z 轴正向往下看）旋转 θ 角得到，则 P' 点的坐标为 $(R\cos\theta, R\sin\theta, 0)$。从而 P 点的坐标就是 $(R\cos\theta, R\sin\theta, z)$。由此我们得到圆柱面（2-10）的参数方程：

$$\begin{cases} x = R\cos\theta \\ y = R\sin\theta, \theta \in [0, 2\pi), -\infty < t < \infty \\ z = t \end{cases} \qquad (2\text{-}10)$$

（二）圆锥面

在平行于 xOy 平面的平面 $z=h$，$(h \neq 0)$ 上取一个以点 $H(0,0,h)$ 为中心，R（$R > 0$）为半径的圆 C

---

① 冯园新.例析空间直线方程的解法[J].太原城市职业技术学院学报,2013(02).152-153.

$$\begin{cases} x^2 + y^2 = R^2 \\ z = h \end{cases} \quad （2\text{–}11）$$

过原点 O 且与圆 C 相交的所有直线所构成的图形就是圆锥面，圆 C 称为该圆锥面的一条"准线"，原点是圆锥面的"顶点"，而过原点且与圆 C 相交的直线，都称为该圆锥面的"母线"。

圆 C 的参数方程为 $r(u)$ $(R\cos u, R\sin u, h)$，这里 $u \in [0, 2\pi)$。

对于圆锥面上任意一点 $P(x,y,z)$，设直线 OP 与圆 C 的交点为 $P' = (R\cos u, R\sin u, h)$，则存在 $v \in (-\infty \quad +\infty)$，满足

$$\begin{cases} x = vR\cos u \\ y = vR\sin u, u \in [0, 2\pi), v \in (-\infty, \infty) \\ z = ht \end{cases} \quad （2\text{–}12）$$

（2–11）就是所求圆锥面的参数方程。曲面也可表示为

$$X(u,v) = (Rv\cos u, Rv\sin u, hv) = vr(u) \quad （2\text{–}13）$$

这里 $u \in [0, 2\pi)$ $v \in (-\infty, +\infty)$ 从（2–11）式，消去参数，就得到圆锥面的普通方程。

$$x^2 + y^2 = \frac{R^2 z^2}{h^2} \quad （2\text{–}14）$$

（三）圆柱螺线

设一动点沿着半径为 R 的圆周做匀速转动，同时这个圆周所在的平面又沿着过圆心且垂直于这平面的直线的方向做匀速平移，则动点轨迹称为圆柱螺线。

选取坐标系，使当 $t=0$ 时，圆周的中心在原点。圆周所在的平面为 xOy 平面，那么过圆心且垂直于圆周所在平面的直线就是 z 轴。

设动点 P 沿圆周转动的角速度为 ω，圆周所在平面沿 z 轴方向平移的速度为 v，并设 $t=0$ 时，P 点的位置为 $P_0(R,0,0)$；在 t 时刻，P 点的坐标为 (x,y,z)，则有 $z=vt$。

此时，P 沿着圆周的转角为 $\angle P_0 ON = \omega t$，所以，P 点的坐标 (x,y,z) 满足

$$\begin{cases} x = R\cos\omega t \\ y = R\sin\omega t, -\infty < t < +\infty \quad（2-15） \\ z = vt \end{cases}$$

这就是圆柱螺线的参数方程，其中 t 为参数。

若进行参数变换，令 $\theta = \omega t$，则有 $t = \dfrac{\theta}{\omega}$，代入（2-15）得圆柱螺线以 θ 为参数的参数方程：

$$\begin{cases} x = R\cos\theta \\ y = R\sin\theta, -\infty < t < +\infty \quad（2-16） \\ z = b\theta \end{cases}$$

其中，$b = \dfrac{v}{\omega}$。

从圆柱螺线的参数方程可见，圆柱螺线在圆柱面 $x^2 + y^2 = R^2$ 上。

第二节　平面与直线的方程

一、平面的方程

本节我们主要讲述最简单的一类曲面，即平面。给定一个平面 π，垂直于 π 的直线称为它的法线，平行于该法线的任一非零向量称为它的法向量[1]。

设平面 π 是过 P_0 点并以 n 为法向量的平面。显然，点 P 在平面 π 上的充分必要条件是 $\overrightarrow{PP_0} \perp n$，即 $\overrightarrow{PP_0} \cdot n = 0$。如果记 $r_0 = \overrightarrow{OP_0}, r = \overrightarrow{OP}$，则

$$(r - r_0) \cdot n = 0 \quad（2-17）$$

或

$$r \cdot n + D = 0$$

其中 $D = -r_0 \cdot n$。因此，平面 π 上任一点 P 的径向量应满足（2-16）；反之，

---

① 陈淑贞．空间直线方程的解题探讨 [J]．海南师范大学学报（自然科学版），2011，24（03）：348-351．

以满足（2-16）的向量 r 为径向量的点必落在 π 上。（2-17）式称为平面 π 的点法式向量方程。

例 2-2

试求经过定点 P_0，并且与两个不共线的向量 u,v 都平行的平面方程。

解：因所求平面与 u,v 平行，于是可取平面的法向量 $n=u\times v$，因此由（2-16）式可知所求平面方程为

$$(r-r_0)\cdot(u\times v)=0$$

其中，$r_0=\overrightarrow{OP_0}, r=\overrightarrow{OP}$，$P$ 为平面上任一点。上述方程也可写成：

$$(r-r_0,u\times v)=0 \quad（2-18）$$

（2-17）式也称为平面的点位式方程。

例 2-2 也可用如下方法解答。因为点 P 在所求平面上的充分必要条件是 $\overrightarrow{PP_0}$ 与 u,v 共面。即

$$\overrightarrow{PP_0}=\lambda u+\mu v \quad（\lambda,\mu \text{ 是参数}）$$

所以

$$r=\lambda u+\mu v+r_0 \quad（\lambda,\mu \text{ 是参数}）（2-19）$$

其中，$r_0=\overrightarrow{OP_0}, r=\overrightarrow{OP}$，$u,v$ 称为平面的方位向量。（2-19）称为平面的向量式参数方程。

在直角坐标系 $Oxyz$ 中，设 $r_0=(x_0,y_0,z_0)$，$r=(x,y,z)$，$u=(u_1,u_2,u_3)$，$v=(v_1,v_2,v_3)$，则由（2-17）可得平面的方程为

$$\begin{vmatrix} x-x_0 & y-y_0 & z-z_0 \\ u_1 & u_2 & u_3 \\ v_1 & v_2 & v_3 \end{vmatrix}=0 \quad（2-20）$$

（2-20）称为平面的坐标式点位式方程。

由（2-18）可得

$$\begin{cases} x = x_0 + u_1\lambda + v_1\mu \\ y = y_0 + u_2\lambda + v_2\mu \quad （2\text{-}20） \\ z = z_0 + u_3\lambda + v_3\mu \end{cases}$$

（2-20）称为平面的坐标式参数方程。

还可以将平面的向量式方程（2-16）改写成坐标形式。设在坐标系 O-xyz 中，

$$n = (A, B, C), r = (x, y, z), r_0 = (x_0, y_0, x_0)$$

则（2-16）式可写成

$$A(x - x_0) + B(y - y_0) + C(z - z_0) = 0 \quad （2\text{-}21）$$

$$或 \quad Ax + By + Cz + D = 0 \quad （2\text{-}22）$$

其中，$D = -(Ax + By + Cz)$。（2-22）称为平面的坐标式点法式方程，简称点法式方程。三元一次方程（2-23）称为平面的坐标式一般方程，简称一般方程。

由前面可知，任一平面的方程都可表示成三元一次方程（2-23）。反之任一个三元一次方程必表示一张平面。设有一个形如（2-23）的方程，不妨设 $A \neq 0$，可知 $P_0\left(-\dfrac{D}{A}, 0, 0\right)$，满足（2-23）。由 P_0 和 $n = (A, B, 3)$ 可以决定一个平面 π，π 的点法式方程就是（2-23），也即方程（2-23）的图形就是平面 π。由此我们得到下面的定理：空间中任一平面的方程都可表示成一个关于坐标分量 x, y, z 的一次方程；反之，每一个关于坐标分量 x, y, z 的一次方程都表示一个平面。

注：这个定理在仿射坐标下也成立。

特别地，若平面 π 的一般方程（2-23）中 $D=0$，则平面 π 必过原点。如果 A, B, C 中有一个为零，则平面 π 必平行于某一坐标轴。如：$A=0$，则 $\pi \parallel x$ 轴；$B=0$，则 $\pi \parallel y$ 轴；$C=0$，则 $\pi \parallel z$ 轴。如果 A, B, C 中有两个为零，则平面 π 必平行于某一坐标平面。如：$A=B=0$，则平面 π 平行于 Oxy 平面；$B=C=0$，则平面 π 平行于 Oxy 平面；$A=C=0$，则平面 π 平行于 Oxz 平面。

例 2-3

已知一平面过点（-3，2，0），法向量 $n=(5,4,-3)$，求它的方程。

解：根据（2-21），所求平面方程为

$$5(x+3)+4(y-2)-3(z-0)=0$$

即

$$5x+4y-3z+7=0$$

例 2-4

已知一平面过三点 $(a,0,0)$，$(0,b,c)$，$(0,0,c)$，$abc\neq 0$。求该平面方程。

解：设该平面方程为

$Ax+By+Cz+D=0$。将 $(a,0,0)$，$(0,b,c)$，$(0,0,c)$ 逐个代入，得

$$A=-\frac{D}{a},B=-\frac{D}{b},C=-\frac{D}{c}$$

于是平面方程是

$$\frac{x}{a}+\frac{y}{b}+\frac{z}{c}=1 \quad （2-24）$$

（2-24）式称为平面的截距式方程，其中 a,b,c 分别为平面在 x 轴，y 轴，z 轴上的截距。

例 2-5

已知 $P_1(x_1,y_1,z_1)$，$P_2(x_2,y_2,z_2)$ 和 $P_3(x_3,y_3,z_3)$ 是不共线的三点，求过这三点的平面方程。

解：易知 $n=\overrightarrow{P_1P_2}\times\overrightarrow{P_1P_3}$ 为所求平面的一个法向量，平面上任一点 P 应满足 $n\cdot\overrightarrow{P_1P}=0$，即

$$\left(\overrightarrow{P_1P_2},\overrightarrow{P_1P_3},\overrightarrow{P_1P}\right)=0$$

根据混合积公式，可得所求的平面方程为

$$\begin{vmatrix} x-x_1 & y-y_1 & z-z_1 \\ x_2-x_1 & y_2-y_1 & z_2-z_1 \\ x_3-x_1 & y_3-y_1 & z_3-z_1 \end{vmatrix}=0 \quad （2-25）$$

（2-25）式称为平面的三点式方程。

对于平面的点法式方程 $(r-r_0)\cdot n=0$ ，若平面的法向量取作单位法向量 $n_0=\dfrac{n}{|n|}$ ，则平面方程可表示为

$$r\cdot n_0 - p = 0 \quad （2-26）$$

其中 $p=r_0\cdot n_0$ ，其绝对值为原点到平面的距离。（2-26）式称为平面的向量式法式方程。

建立直角坐标系，设 $r=\{x,y,z\}$ ， $n_0=\{\cos\alpha,\cos\beta,\cos\gamma\}$ ，这里 α,β,γ 即 n_0 的三个方向角，由（2-26）式得

$$x\cos\alpha + y\cos\beta + z\cos\gamma - p = 0 \quad （2-27）$$

（2-27）称为平面的坐标式法式方程，简称法式方程。

在空间直角坐标系 $O\text{-}xyz$ 中，设给定一点 $P_1(x_1,y_1,z_1)$ 与一个平面 π 。从 P_1 点到平面 π 作垂线，其垂足为 Q ，则点 P_1 到平面 π 的距离为 $d=\left|\overrightarrow{QP_1}\right|$ 。取定平面 π 的单位法向量 n_0 ，则向量 $\overrightarrow{QP_1}$ 在平面 π 的单位法向量 n_0 上的射影叫做 P_1 点与平面 π 间的离差，记作

$$\delta = 射影_{n_0}\overrightarrow{QP_1} = 射影_{n_0}\overrightarrow{P_0P_1} \quad （2-28）$$

其中 P_0 可取平面上任一点。离差的绝对值就是该点与平面 π 的距离。当点 P_1 位于平面 π 的单位法向量 n_0 所指的一侧， $\overrightarrow{QP_1}$ 与单位法向量 n_0 同向，因此其离差为正；而当点 P_1 位于平面 π 的另一侧，则其离差为负。

设平面 π 的法式方程为 $r\cdot n_0 - p = 0$ ，由于 $Q\in\pi$ ，则有 $\overrightarrow{OQ}\cdot n_0 = p$ ，因此

$$\delta = \overrightarrow{QP_1}\cdot n_0 = \left(\overrightarrow{OP_1}-\overrightarrow{OQ}\right)\cdot n_0 = \overrightarrow{OP_1}\cdot n_0 - p \quad （2-29）$$

在平面用坐标式法式方程表示时， P_1 点与平面（2-29）间的离差是

$$\delta = x_1\cos\alpha + y_1\cos\beta + z_1\cos\gamma - p \quad （2-30）$$

设平面 π 的一般式方程为 $Ax+By+Cz+D=0$ ，此时其单位法向量 n_0 的三个方向角余弦分别为

$$\cos\alpha = A\left(A^2 + B^2 + C^2\right)^{-\frac{1}{2}}, \cos\beta = B\left(A^2 + B^2 + C^2\right)^{-\frac{1}{2}}, \cos\gamma = C\left(A^2 + B^2 + C^2\right)^{-\frac{1}{2}},$$

而 $p = -D\left(A^2 + B^2 + C^2\right)^{-\frac{1}{2}}$。

根据（2-30），则 $P_1(x_1, y_1, z_1)$ 点到平面 π 的距离是

$$d = |\delta| = \left| \frac{Ax + By + Cz + D}{\sqrt{A^2 + B^2 + C^2}} \right|。 \quad （2\text{-}31）$$

二、直线的方程

一般地，空间直线的位置可由以下两种条件之一来确定：

（1）经过一定点，且与一确定向量平行；

（2）两相交平面的交线。

过点 $P_0(x_0, y_0, z_0)$ 可作唯一一条平行于非零向量 $v(l, m, n)$ 的直线 l。设 $P(x, y, z)$ 是直线 l 上任意一点，记：$r_0 = \overrightarrow{OP_0}$，$r = \overrightarrow{OP}$，则

$$r - r_0 = tv \quad （2\text{-}32）$$

为直线 l 的方程，v 称为直线的方向向量。将（2-32）化成坐标形式，则，

$$(x - x_0, y - y_0, z - z_0) = t(l, m, n)$$

或

$$\begin{cases} x = x_0 + lt \\ y = y_0 + mt \quad （2\text{-}33） \\ z = z_0 + nt \end{cases}$$

（2-32）和（2-33）分别称为直线 l 的向量式和坐标式参数方程。其中参数 t 可取一切实数。当 $|t| = 1$ 时，$|t|$ 表示动点 P 到 P_0 的距离。

从（2-33）消去参数 t，可得

$$\frac{x - x_0}{l} = \frac{y - y_0}{m} = \frac{z - z_0}{n} \quad （2\text{-}34）$$

称之为直线 l 的对称式方程（或标准方程）。当 l, m 和 n 三个数中有一个或两个为零时，仍然可写出（2-34）式。我们约定：如 $l = 0$，（2-34）表示成

$$\begin{cases} \dfrac{y - y_0}{m} = \dfrac{z - z_0}{n} \\ x - x_0 = 0 \end{cases}$$

如 $l=m=0$，则（2-34）表示成

$$\begin{cases} x - x_0 = 0 \\ y - y_0 = 0 \end{cases}$$

（2-32），（2-33）和（2-34）都称为直线 l 的点向式方程。

另一方面，任意一条直线都可视为两个平面的交线。设两个相交平面 π_1 和 π_2 的方程分别为 $r \cdot n_1 + d_1 = 0$ 和 $r \cdot n_2 + d_2 = 0$（n_1 与 n_2 不平行）。

则其相交直线 l 的方程为

$$\begin{cases} r \cdot n_1 + d_1 = 0 \\ r \cdot n_2 + d_2 = 0 \end{cases} \quad （2\text{-}35）$$

（2-35）式称为直线的向量式一般方程。

若平面 π_1 和 π_2 的方程分别为 $A_1x+B_1y+C_1z+D_1=0$ 与 $A_2x+B_2y+C_2z+D_1=0$，且 π_1 和 π_2 不平行，即 $A_1:B_1:C_1 \neq A_2:B_2:C_2$，则其相交直线的方程为

$$\begin{cases} A_1x + B_1y + C_1z + D_1 = 0 \\ A_2x + B_2y + C_2z + D_2 = 0 \end{cases} \quad （2\text{-}36）$$

（2-36）式称为直线的坐标式一般方程。

例 2-6

已知一直线通过两个定点 P_1 和 P_2，试求此直线的向量式方程。又假定 P_1 和 P_2 的坐标分别为 $P_1(x_1, y_1, z_1)$，$P_2(x_2, y_2, z_2)$，写出直线的坐标式参数方程和对称式方程。

解：设 $r_1 = \overrightarrow{OP_1}, r_2 = \overrightarrow{OP_2}$，则 $v = \overrightarrow{P_1P_2} = r_2 - r_1$ 即为所求直线的一个方向向量。由（2-31），所求直线的向量方程为

$$r = r_1 + t(r_2 - r_1)$$

其坐标式参数方程为

$$\begin{cases} x = x_1 + t(x2 - x_1) \\ y = y_1 + t(y_2 - y_1) \quad （2\text{-}37） \\ z = z_1 + t(z_2 - z_1) \end{cases}$$

对称式方程为

$$\frac{x - x_1}{x_2 - x_1} = \frac{y - y_1}{y_2 - y_1} = \frac{z - z_1}{z_2 - z_1} \quad （2\text{-}38）$$

上面两式也称为直线的两点式方程。

例 2-7

已知直线的一般方程为

$$\begin{cases} x - 2y + 3z + 6 = 0 \\ 3x - y + 2z - 1 = 0 \end{cases}$$

求它的点向式方程。

解：设这两个平面的法向量分别为 $n_1=(1,-2,3)$ 和 $n_2=(3,-1,2)$，因此

$$v = n_1 \times n_2 = \left(\begin{vmatrix} -2 & 3 \\ -1 & 2 \end{vmatrix}, \begin{vmatrix} 3 & 1 \\ 2 & 3 \end{vmatrix}, \begin{vmatrix} 1 & -2 \\ 3 & -1 \end{vmatrix} \right) = (-1, 7, 5)$$

是已知直线的一个方向向量。

为求直线上一点，可令 $x=0$，解

$$\begin{cases} -2y + 3z + 6 = 0 \\ -y + 2z - 1 = 0 \end{cases}$$

得 $(0,15,8)$ 是直线上的点。则可得直线的点向式方程为

$$\frac{x}{-1} = \frac{y-15}{7} = \frac{z-8}{5}$$

设一条直线 l 经过点 P_0，方向向量为 v，则点 P_1 到直线 l 的距离 $d(P_1,l)$ 是以 $\overrightarrow{P_0P_1}$ 和 v 为邻边的平行四边形的底边 v 上的高。因此

$$d(P_1, l) = \frac{\left| \overrightarrow{P_0P_1} \times v \right|}{|v|} = \frac{\left| (r_1 - r_0) \times v \right|}{|v|}$$

其中 $r_0 = \overrightarrow{OP_0}$，$r_1 = \overrightarrow{OP_1}$，

在空间直角坐标系下，设点 P_1 的坐标为 (x_1,y_1,z_1)，直线 l 的对称式方程为

$$\frac{x-x_0}{l} = \frac{y-y_0}{m} = \frac{z-z_0}{n} \quad （2\text{--}39）$$

这里 $P_0(x_0,y_0,z_0)$ 是直线 l 上的一点，$v=(l,m,n)$ 为直线 l 的方向向量，则点 P_1 到直线 l 的距离为

$$d=\frac{\left|\overrightarrow{P_0P_1}\times v\right|}{|v|}=\frac{\sqrt{\begin{vmatrix}y_1-y_0 & z_1-z_0 \\ m & n\end{vmatrix}^2+\begin{vmatrix}z_1-z_0 & x_1-x_0 \\ n & l\end{vmatrix}^2+\begin{vmatrix}x_1-x_0 & y_1-y_0 \\ l & m\end{vmatrix}^2}}{\sqrt{l^2+m^2+n^2}} \quad (2\text{-}40)$$

第三节 平面与直线的位置关系

一、两平面的相互位置关系

设两平面 π_1 和 π_2 的方程分别为

$$\pi_1:n_1\cdot(r-r_1)=0$$

$$\pi_2:n_2\cdot(r-r_2)=0$$

若 $n_1\times n_2\neq 0$ ，则 π_1 与 π_2 相交，它们的联立方程即表示交线。

若 $n_1\times n_2=0$ ，即 $n_2=\lambda n_1(\lambda\neq 0)$ ，可见， $\pi_1\;/\!/\;\pi_2$ 或 π_1 与 π_2 重合。此时， π_2 的方程可写为

$$n_1\cdot(r-r_2)=0$$

若 π_1 与 π_2 重合，将以上方程与 π_1 的方程相减，得 $n_1\cdot(r-r_2)=0$ 。若 $\pi_1\;/\!/\;\pi_2$ 但不重合，则 $n_1\cdot(r_1-r_2)=0$ 。

两平面 π_1 与 π_2 的夹角就是它们的法向量的夹角或其补角（两平面的夹角通常取为锐角）[①]。

当两平面用坐标式一般方程表示时，则有下面定理。

设两平面 π_1 与 π_2 的方程分别为

$$\pi_1:A_1x+B_1y+C_1z+D_1=0$$

① 黄竞泽．平面向量在解析几何中的运用分析 [J]．经贸实践，2018（03）：327．

$$\pi_2 : A_2x + B_2y + C_2z + D_2 = 0$$

则它们相关位置关系的充要条件分别为：

1. 相交：$A_1 : B_1 : C_1 \neq A_2 : B_2 : C_2$；

2. 平行：$\dfrac{A_1}{A_2} = \dfrac{B_1}{B_2} = \dfrac{C_1}{C_2} \neq \dfrac{D_1}{D_2}$

3. 重合：$\dfrac{A_1}{A_2} = \dfrac{B_1}{B_2} = \dfrac{C_1}{C_2} = \dfrac{D_1}{D_2}$

设两平面 π_1 与 π_2 的夹角为 $\angle(\pi_1, \pi_2)$，则其余弦为

$$\cos\angle(\pi_1, \pi_2) = \frac{|n_1 \cdot n_2|}{|n_1||n_2|} = \frac{|A_1A_2 + B_1B_2 + C_1C_2|}{\sqrt{A_1^2 + B_1^2 + C_1^2}\sqrt{A_2^2 + B_2^2 + C_2^2}} \quad （2\text{–}41）$$

证明：在直角坐标系下，平面 π_1 与 π_2 法向量分别为

$$n_1 = \{A_1 + B_1 + C_1\} \text{ 和 } n_2 = \{A_2 + B_2 + C_2\}。$$

π_1 与 π_2 相交当且仅当 n_1 不平行于 n_2，即 $A_1 : B_1 : C_1 \neq A_2 : B_2 : C_2$。而平面 π_1 与 π_2 平行或重合的必要条件为 $n_2 = \lambda n_1 (\lambda \neq 0)$，即 $\dfrac{A_1}{A_2} = \dfrac{B_1}{B_2} = \dfrac{C_1}{C_2} \neq \dfrac{1}{\lambda}$，进一步，如果 $\dfrac{D_1}{D_2} = \dfrac{1}{\lambda}$，则平面 π_1 与 π_2 重合；如果 $\dfrac{D_1}{D_2} \neq \dfrac{1}{\lambda}$，则平面 π_1 与 π_2 仅是平行。

二、直线与平面的位置关系

直线与平面的位置关系有三种，即相交、平行和直线在平面上。

设直线 l 和平面 π 的方程分别为

$$l : r = r_0 + tv$$

$$\pi : n \cdot (r - r_1) = 0$$

为求它们的交点，把 l 的方程代入 π 的方程，得

$$n \cdot (r_0 - r_1) + n \cdot tv = 0 \quad （2-42）$$

若 $n \cdot v \neq 0$，即 n 与 v 不垂直，则可得

$$t = \frac{n \cdot (r_0 - r_1)}{n \cdot v} \quad （2-43）$$

所以 l 与 π 有唯一一个交点。若 $nv=0$，且 $n \cdot (r_0 - r_1) \neq 0$，则 l 与 π 没有交点，即它们平行。若 $nv=0$，且 $n \cdot (r_0 - r_1) = 0$，则 l 与 π 有无穷多个交点，即 l 落在 π 上。当直线与平面用坐标式方程表示时，我们可得下面定理。

设直线 l 与平面 π 的方程分别为

$$l : \frac{x - x_0}{X} = \frac{y - y_0}{Y} = \frac{z - z_0}{Z}$$

$$\pi : Ax + By + Cz + D = 0 \quad （2-44）$$

则直线 l 与平面 π 的相关位置关系的充要条件分别为：

1. 相交：$AX + BY + CZ \neq 0$；

2. 平行：$\begin{cases} AX + BY + CZ = 0 \\ Ax_0 + By_0 + Cz_0 + D \neq 0 \end{cases}$

3. 直线在平面上：$\begin{cases} AX + BY + CZ = 0 \\ Ax_0 + By_0 + Cz_0 + D = 0 \end{cases}$

证明：直线 l 的方向向量 $v=(X,Y,Z)$，平面 π 的法向量 $n=(A,B,C)$。直线 l 与平面 π 相交当且仅当 $n \cdot v \neq 0$，即 $AX+BY+CZ \neq 0$；交点坐标 (x,y,z) 满足

$$\frac{x - x_0}{X} = \frac{y - y_0}{Y} = \frac{z - z_0}{Z} = t = -\frac{Ax_0 + By_0 + Cz_0}{AX + BY + CZ} \quad （2-45）$$

即 $x = x_0 - \dfrac{Ax_0 + By_0 + Cz_0}{AX + BY + CZ} X$

$$y = y_0 - \frac{Ax_0 + By_0 + Cz_0}{AX + BY + CZ} Y$$

$$z = z_0 - \frac{Ax_0 + By_0 + Cz_0}{AX + BY + CZ} Z \quad （2-46）$$

另一方面 $n \cdot v=0$，即 $AX+BY+CZ=0$，则当且仅当直线 l 与平面 π 平行或直线

l 在平面 π 上，此时若直线 l 在平面 π 上，则当且仅当点 (x_0, y_0, z_0) 在平面 π 中，即 $Ax_0 + By_0 + Cz_0 + D = 0$；反之 $Ax_0 + By_0 + Cz_0 + D \neq 0$，则直线 l 仅与平面 π 平行。

例 2-8

试求 B 和 C，使得直线

$$l: \begin{cases} x + 2y - z + C = 0 \\ 3x + By - z + 2 = 0 \end{cases}$$

在 Oxy 平面上。

解：在直线 l 的方程中，令 $y=0$，则由

$$\begin{cases} x - z + C = 0 \\ 3x - z + 2 = 0 \end{cases}$$

得 $x = \dfrac{C}{2} - 1$，$z = \dfrac{3C}{2} - 1$。所以 $\left(\dfrac{C}{2} - 1, \ 0, \ \dfrac{3C}{2} - 1 \right)$ 是直线 l 上的点。由于直线 l 的方向向量为 $v = (-2 + B, -2, B - 6)$，Oxy 平面的方程为 $z = 0$，所以

$$B - 6 = 0, \frac{3C}{2} - 1 = 0$$

即 $B = 6, C = \dfrac{2}{3}$。

直线与平面的夹角是指直线与它在平面上的垂直投影相交成的最小正角，当直线与平面垂直时，它们的夹角规定为 90°。

设直线 l 的方向向量 $v = (A, B, C)$，平面 π 的法向量 $n = (A, B, C)$，则 l 与 π 的夹角 θ 为

$$\theta = \frac{\pi}{2} - \angle(v, n) \ \text{或} \ \theta = \angle(v, n) - \frac{\pi}{2}$$

因此

$$\sin \theta = \frac{|n_1 \cdot n_2|}{|n_1||n_2|} = \frac{|AX + BY + CZ|}{\sqrt{X^2 + Y^2 + Z^2} \sqrt{A^2 + B^2 + C^2}} \quad (2\text{-}47)$$

三、两直线的相互位置关系

两条直线的关系有以下四种：平行、重合、相交和异面。设

$$l_1: r = r_1 + tv_1$$

$$l_2 : r = r_2 + tv_2$$

易知 $(r_2 - r_1, v_1, v_2) = 0$，则 l_1 与 l_2 在同一平面上，l_1 与 l_2 平行的充要条件为 $v_1 \times v_2 = 0$ 但 $r_2 - r_1$ 不平行于 v_1，l_1 与 l_2 重合的充要条件为 $r_2 - r_1, v_1, v_2$ 三向量平行；l_1 与 l_2 相交的充要条件是 $(r_2 - r_1, v_1, v_2) = 0$ 和 $v_1 \times v_2 \neq 0$；它们异面的充要条件是 $(r_2 - r_1, v_1, v_2) \neq 0$。

现在来求两异面直线 l_1，l_2 的公垂线方程。公垂线 l_0 的方向向量可以取为 $v_1 \times v_2$），而公垂线 l_0 可以看做由过 l_1 上的点 M_1，以 v_1，$v_1 \times v_2$ 为方向向量的平面与过 l_2 上的点 M_2，以 v_2，$v_1 \times v_2$ 为方向向量的平面的交线，因此可得公垂线 l_0 的方程为

$$\begin{cases} (r - r_1, v_1, v_1 \times v_2) = 0 \\ (r - r_2, v_2, v_1 \times v_2) = 0 \end{cases} \quad （2-48）$$

记 d 为其公垂线段长度，则 d 恰为 $\overrightarrow{M_1 M_2} = r_2 - r_1$ 在公垂线方向 $v_1 \times v_2$ 投影的绝对值，因此

$$d = \frac{\left| (r_2 - r_1, v_1, v_1 \times v_2) \right|}{|v_1 \times v_2|} \quad （2-49）$$

当 l_1 与 l_2 平行时，它们之间的距离等于一条直线上的一点到另一条直线的距离。

当直线用对称式方程表示时，则由上面分析，仅需将具体向量的坐标代入，我们就可得下面的定理。

设两直线 l_1 与 l_2 的对称式方程为

$$l_1 : \frac{x - x_1}{X_1} = \frac{y - y_1}{Y_1} = \frac{z - z_1}{Z_1} \quad （2-50）$$

$$l_2 : \frac{x - x_2}{X_2} = \frac{y - y_2}{Y_2} = \frac{z - z_2}{Z_2} \quad （2-51）$$

则两直线的相关位置的充要条件分别为

1. 异面：$D = \begin{vmatrix} x_2 - x_1 & y_2 - y_1 & z_2 - z_1 \\ X_1 & Y_1 & Z_1 \\ X_2 & Y_2 & Z_2 \end{vmatrix} \neq 0$；

2. 相交：$\triangle = 0 : X_1 : Y_1 : Z_1 \neq X_2 : Y_2 : Z_2$；

3. 平行：$\triangle = 0 : X_1 : Y_1 : Z_1 \neq X_2 : Y_2 : Z_2 \neq (x_2 - x_1) : (y_2 - y_1) : (z_2 - z_1)$；

4.重合：$\triangle =0$：X_1：Y_1：$Z_1 \neq X_2$：Y_2：$Z_2 \neq (x_2-x_1)$：(y_2-y_1)：(z_2-z_1)。

两异面直线 l_1 与 l_2 的距离为

$$d = \frac{\left\| \begin{matrix} x_2 - x_1 & y_2 - y_1 & z_2 - z_1 \\ X_1 & Y_1 & Z_1 \\ X_2 & Y_2 & Z_2 \end{matrix} \right\|}{\sqrt{\left| \begin{matrix} Y_1 & Z_1 \\ Y_2 & Z_2 \end{matrix} \right|^2 + \left| \begin{matrix} Z_1 & X_1 \\ Z_1 & X_2 \end{matrix} \right|^2 + \left| \begin{matrix} X_1 & Y_1 \\ X_2 & Y_2 \end{matrix} \right|^2}} \quad （2-52）$$

其中（2-52）中的分子表示行列式的绝对值。公垂线 l_0 的方程为

$$\begin{cases} \left(\begin{matrix} x-x_1 & y-y_1 & z-z_1 \\ X_1 & Y_1 & Z_1 \\ X & Y & Z \end{matrix} \right) \\ \left(\begin{matrix} x-x_2 & y-y_2 & z-z_2 \\ X_2 & Y_2 & Z_2 \\ X & Y & Z \end{matrix} \right) \end{cases} \quad （2-53）$$

其中 $X = \left| \begin{matrix} Y_1 & Z_1 \\ Y_2 & Z_2 \end{matrix} \right|$，$Y = \left| \begin{matrix} Z_1 & X_1 \\ Z_2 & X_2 \end{matrix} \right|$，$Z = \left| \begin{matrix} X_1 & Y_1 \\ X_2 & Y_2 \end{matrix} \right|$，是向量 $v_1 \times v_2$ 的分量。

两条直线的夹角是指它们的方向向量的夹角或其补角。

设直线 l_1 与 l_2 的方向向量分别是 v_1 和 v_2，则 l_1 与 l_2 的夹角

$$\theta = \angle(v_1, v_2) \text{或} \theta = \pi - \angle(v_1, v_2) \quad （2-53）$$

例 2-9

求直线 $l_1 : x-2 = \dfrac{y+1}{-2} = \dfrac{z-3}{-1}$ 与直线 $l_2 : \dfrac{x}{2} = \dfrac{y-1}{-1} = \dfrac{z+1}{-2}$ 之间的距离与它们的公垂线方程。

解：可见 $v_1 = (1,-2,-1)$ 与 $v_2 = (2,-1,-2)$ 不平行，则直线 l_1 与 l_2 不平行，且

$$v_1 \times v_2 = (3,0,3)$$

点 $P_1 = (2,-1,3)$ 和 $P_2 = (0,1,-1)$ 分别在直线 l_1 与 l_2 上，$\overrightarrow{P_1P_2} = (-2,2,-4)$。因为

$$\left(\overrightarrow{P_1P_2}, v_1, v_2 \right) = -18 \neq 0 ,$$

所以，直线 l_1 与 l_2 是异面直线。所求距离为

$$d = \dfrac{\left| \left(\overrightarrow{P_1P_2}, v_1, v_2 \right) \right|}{|v_1 \times v_2|} = 3\sqrt{2}$$

根据（2-53）得公垂线方程为

$$\begin{cases} \begin{vmatrix} x-2 & y+1 & z-3 \\ 1 & -2 & -1 \\ 3 & 0 & 3 \end{vmatrix} \\ \begin{vmatrix} x & y-1 & z+1 \\ 2 & -1 & -2 \\ 3 & 0 & 3 \end{vmatrix} \end{cases}$$

即 $\begin{cases} x+y-z+12 = 0 \\ x+4y-z-5 = 0 \end{cases}$

第四节 平面束及其应用

空间中所有平行于同一平面的一族平面称为平行平面束。易见，在空间直角坐标系 $O\text{-}xyz$ 中，由平面 π：$Ax+By+Cz+D=0$ 决定的平行平面束的方程为

$$Ax+By+Cz+D=0 \quad （2\text{-}54）$$

其中 λ 是任意实数。

空间中所有通过同一直线的一族平面称为有轴平面束，其中直线称为平面束的轴。

设直线 l 的方程为

$$\begin{cases} A_1x + B_1y + C_1z + D_1 = 0 \\ A_2x + B_2y + C_2z + D_2 = 0 \end{cases} \quad （2\text{-}55）$$

则通过直线 l 的有轴平面束的方程是：

$$\lambda_1\left(A_1x + B_1y + C_1z + D_1\right) + \lambda_2\left(A_2x + B_2y + C_2z + D_2\right) = 0 \quad （2\text{-}56）$$

其中 λ_1，λ_2 是不全为零的任意实数。

证明：首先，对于任意一对不全为零的实数 λ_1，λ_2，方程（2-56）必表示一张平面。

此时，方程（2-56）可写为

$$\left(\lambda_1 A_1 + \lambda_2 A_2\right)x + \left(\lambda_1 B_1 + \lambda_2 B_2\right)y + \left(\lambda_1 C_1 + \lambda_2 C_2\right)z + \left(\lambda_1 D_1 + \lambda_2 D_2\right) = 0 \quad （2\text{-}57）$$

这里三个系数 $\lambda_1 A_1 + \lambda_2 A_2, \lambda_1 B_1 + \lambda_2 B_2, \lambda_1 C_1 + \lambda_2 C_2$ 不能全为零，否则

$$\lambda_1 A_1 + \lambda_2 A_2 = 0, \lambda_1 B_1 + \lambda_2 B_2 = 0, \lambda_1 C_1 + \lambda_2 C_2 = 0,$$

那么得 $\dfrac{A_1}{A_2}=\dfrac{B_1}{B_2}=\dfrac{C_1}{C_2}$。

这与直线方程（2-55）中系数（A_1,B_1,C_1）和（A_2,B_2,C_2）不成比例相矛盾，因此（2-57）是一个关于（x,y,z）的一次方程，则（2-56）或（2-57）必表示一张平面。另一方面，直线 l 上的点的坐标满足方程组（2-55），从而必满足方程（2-56），所以对于不全为零的任意实数，方程（2-56）必表示一张通过直线 l 的平面，也即：对于不全为零的任意实数，方程（2-56）必表示以直线 l 为轴的平面束中的平面。

反之，对于任一张通过直线 l 的平面 π，取其不在直线 l 上的一点 $P(x_0,y_0,z_0)$，则 $A_1x_0+B_1y_0+C_1z_0+D_1$ 与 $A_2x_0+B_2y_0+C_2z_0+D_2$ 不能同时为零，否则点 P 的坐标满足方程组（2-55），这与 P 不在直线 l 上相矛盾。容易验证下面方程

$$(A_2x_0+B_2y_0+C_2z_0+D_2)(A_1x+B_1y+C_1z+D_1)+(-A_1x_0-B_1y_0-C_1z_0-D_1)(A_2x+B_2y+C_2z+D_2)$$

表示一张过直线 l 和 P 点的平面，即为平面 π 的方程。只要取 $\lambda_1=A_2x_0+B_2y_0+C_2z_0+D_2$，$\lambda_2=A_1x_0-B_1y_0-C_1z_0-D_1$，从而平面 π 可写成方程（2-56）的形式。因此以直线 l 为轴的平面束中的任一张平面都可写成方程（2-56）的形式[1]。

① 赵春芳. 空间解析几何中的向量代数研究 [J]. 黑河学院学报，2018，9（06）：213-214.

例 2-10

试求经过直线 l: $\begin{cases} x+2y-z=0 \\ x+z+2=0 \end{cases}$ 并且与平面 π: $-x-2y+z-1=0$ 的夹角是 45° 的平面的方程。

解：设经过直线 l 的平面束方程为

$$\lambda_1\left(x+2y-z\right)+\lambda_2\left(x+z+2\right)=0$$

即 $\left(\lambda_1+\lambda_2\right)x+2\lambda_1 y+\left(\lambda_2-\lambda_1\right)z+2\lambda_2=0$。由题设条件，可知

$$\cos 45°=\frac{\left|-\lambda_1-\lambda_2-4\lambda_1+\lambda_2-\lambda_1\right|}{\sqrt{6\left[\left(\lambda_1+\lambda_2\right)^2+4\lambda_1^{\,2}+\left(\lambda_2-\lambda_1\right)^2\right]}}$$

即 $\dfrac{\left|-6\lambda_1\right|}{\sqrt{6\left(6\lambda_1^{\,2}+2\lambda_2^{\,2}\right)}}=\dfrac{\sqrt{2}}{2}$

将上式两边平方后化简，可得

$$\lambda_1:\ \lambda_2=1:\sqrt{3}。$$

因此，所求平面的方程为

$$\left(1+\sqrt{3}\right)x+2\sqrt{3}y+\left(\sqrt{3}-1\right)z+2\sqrt{3}=0 \text{ 或}$$

$$\left(1-\sqrt{3}\right)x-2\sqrt{3}y-\left(\sqrt{3}+1\right)z-2\sqrt{3}=0$$

例 2–11

试证两直线

$$l_1: \begin{cases} A_1x + B_1y + C_1z + D_1 = 0 \\ A_2x + B_2y + C_2z + D_2 = 0 \end{cases} \quad 与 \quad l_2: \begin{cases} A_3x + B_3y + C_3z + D_3 = 0 \\ A_4x + B_4y + C_4z + D_4 = 0 \end{cases}$$

在同一平面上的充要条件是

$$\begin{vmatrix} A_1 & B_1 & C_1 & D_1 \\ A_2 & B_2 & C_2 & D_2 \\ A_3 & B_3 & C_3 & D_3 \\ A_4 & B_4 & C_4 & D_4 \end{vmatrix} = 0 \, ^{\circ}$$

证明：通过直线 l_1 的有轴平面束的方程是

$$\lambda_1\left(A_1x+B_1y+C_1z+D_1\right)+\lambda_2\left(A_2x+B_2y+C_2z+D_2\right)=0$$

其中 λ_1，λ_2 是不全为零的任意实数；通过直线 l_2 的有轴平面束的方程是：

$$\lambda_3\left(A_3x+B_3y+C_3z+D_3\right)+\lambda_4\left(A_4x+B_4y+C_4z+D_4\right)=0$$

其中 λ_3，λ_4 是不全为零的任意实数。l_1 和 l_2 在同一平面上的充要条件是存在不全为零的实数对 λ_1，λ_2 和 λ_3，λ_4 使得方程（2–58）和（2–59）表示同一张平面，也即存在非零实数 t 使得下式成立

$$\lambda_1\left(A_1x+B_1y+C_1z+D_1\right)+\lambda_2\left(A_2x+B_2y+C_2z+D_2\right)$$
$$=t\left[\lambda_3\left(A_3x+B_3y+C_3z+D_3\right)+\lambda_4\left(A_4x+B_4y+C_4z+D_4\right)\right]$$

化简整理后得

$$\left(\lambda_1A_1+\lambda_2A_2-t\lambda_3A_3-t\lambda_4A_4\right)x$$
$$+\left(\lambda_1B_1+\lambda_2B_2-t\lambda_3B_3-t\lambda_4B_4\right)y$$
$$+\left(\lambda_1C_1+\lambda_2C_2-t\lambda_3C_3-t\lambda_4C_4\right)z$$
$$+\left(\lambda_1D_1+\lambda_2D_2-t\lambda_3D_3-t\lambda_4D_4\right)=0$$

所以

$$\lambda_1A_1+\lambda_2A_2-t\lambda_3A_3-t\lambda_4A_4=0$$
$$\lambda_1B_1+\lambda_2B_2-t\lambda_3B_3-t\lambda_4B_4=0$$
$$\lambda_1C_1+\lambda_2C_2-t\lambda_3C_3-t\lambda_4C_4=0$$
$$\lambda_1D_1+\lambda_2D_2-t\lambda_3D_3-t\lambda_4D_4=0$$

由于 λ_1，λ_2，λ_3，λ_4 不全为零，所以

$$\begin{vmatrix} A_1 & B_1 & -tA_1 & -tA_1 \\ A_2 & B_2 & -tA_2 & -tA_2 \\ A_3 & B_3 & -tA_3 & -tA_3 \\ A_4 & B_4 & -tA_4 & -tA_4 \end{vmatrix}$$

另一方面 $t \neq 0$，因此两直线 l_1 和 l_2 共面的充要条件是

$$\begin{vmatrix} A_1 & B_1 & C_1 & D_1 \\ A_2 & B_2 & C_2 & D_2 \\ A_3 & B_3 & C_3 & D_3 \\ A_4 & B_4 & C_4 & D_4 \end{vmatrix} = 0$$

第三章

常见曲面

本章将介绍一些常见曲面，一方面了解如何利用曲面的几何特性建立它的方程，另一方面熟悉如何利用方程研究曲面的几何性质。本章的讨论均在右手直角坐标系中进行。

第一节　球面和旋转面

一、球面的普通方程

我们来求球心为 $M_0(x_0,y_0,z_0)$ 半径为 R 的球面的方程。

点 $M(x,y,z)$ 在这个球面上的充分必要条件是 $\left|\overline{M_0M}\right|=R$，即

$$(x-x_0)^2+(y-y_0)^2+(z-z_0)^2=R^2 \quad (3-1)$$

展开得

$$x^2+y^2+z^2+2b_1x+2b_2y+2b_3z+c=0 \quad (3-2)$$

其中 $b_1=-x_0,b_2=-y_0,b_3=-z_0,c=x_0^2+y_0^2+z_0^2-R^2$。（3-1）式或（3-2）式就是所求球面的方程，它是一个三元二次方程，没有交叉项（指 xy,yz,xz 项），平方项的系数相同。反之，任一形如（3-2）式的方程经过配方后可写成

$$\left(x+b_1\right)^2+\left(y+b_2\right)^2+\left(z+b_3\right)^2+c-b_1^2-b_2^2-b_3^2=0$$

当 $b_1^2+b_2^2+b_3^2>c$ 时，它表示一个球心在 $(-b_1,-b_2,-b_3)$，半径为 $\sqrt{b_1^2+b_2^2+b_3^2-c}$ 的球面；当 $b_1^2+b_2^2+b_3^2=c$ 时，它表示一个点 $(-b_1,-b_2,-b_3)$；当 $b_1^2+b_2^2+b_3^2<c$ 时，它没有轨迹（或者说它表示一个虚球面）。

二、球面的参数方程，点的球面坐标

如果球心在原点，半径为 R，在球面上任取一点 $M(x,y,z)$，从 M 作 Oxy 平面的垂线，垂足为 N，连接 OM,ON，设 x 轴的正半轴到 $\overline{ON}$ 的角度为 φ，$\overline{ON}$ 到 $\overline{OM}$ 的角度为 θ（M 在平面 Oxy 上方时，θ 为正，反之为负），则有

$$\begin{cases} x = R\cos\theta\cos\varphi \\ y = R\cos\theta\sin s\varphi, \\ z = R\sin s\theta \end{cases} \quad -\frac{\pi}{2} \leqslant \theta \leqslant \frac{\pi}{2}, \ -\pi < \varphi \leqslant \pi \quad (3\text{-}3)$$

（3-3）式称为球心在原点，半径为 R 的球面的参数方程，它有两个参数 $,\varphi$，其中 θ 称为纬度，φ 称为经度。球面上的每一个点（除去它与 z 轴的交点）对应唯一的实数对（θ,φ），因此（θ,φ）称为球面上点的曲纹坐标。

因为几何空间中任一点 $M(x,y,z)$ 必在以原点为球心，以 $R = \left|\overrightarrow{OM}\right|$ 为半径的球面上，球面上的点（除去它与 z 轴的交点外）又由它的曲纹坐标（θ,φ）唯一确定，因此，除去 z 轴外，几何空间中的点 M 由有序三元实数组（R,θ,φ）唯一确定。我们把（R,θ,φ）称为几何空间中点 M 的球面坐标（或空间极坐标），其中

$$R \geqslant 0, \ -\frac{\pi}{2} \leqslant \theta \leqslant \frac{\pi}{2} \ -\pi < \varphi \leqslant \pi$$

点 M 的球面坐标（R,θ,φ）与 M 的直角坐标（x,y,z）的关系为

$$\begin{cases} x = R\cos\theta\cos\varphi, R \geqslant 0 \\ y = R\cos\theta\sin s\varphi, -\frac{\pi}{2} \leqslant \theta \leqslant \frac{\pi}{2} \quad (3\text{-}4) \\ z = R\sin s\theta, -\pi < \varphi \leqslant \pi \end{cases}$$

三、曲面和曲线的普通方程、参数方程

从球面的方程（3-2）和球面的参数方程（3-3）看到，一般来说，曲面的普通方程是一个三元方程 $F(x,y,z)=0$，曲面的参数方程是含两个参数的方程：

$$\begin{cases} x = x(u,v) \\ y = y(u,v), a \leqslant u \leqslant b, c \leqslant v \leqslant d \quad (3\text{-}5) \\ z = z(u,v) \end{cases}$$

其中，对于（u,v）的每一对值，由方程（3-5）确定的点（x,y,z）在此曲面上；而此曲面上任一点的坐标都可由（u,v）的某一对值通过方程（3-5）表示，于是，通过曲面的参数方程（3-5），曲面上的点（可能要除去个别点）便可以由数对（u,v）来确定，因此（u,v）称为曲面上点的曲纹坐标。

几何空间中曲线的普通方程是两个三元方程的联立：

$$\begin{cases} F(x,y,z)=0 \\ G(x,y,z)=0 \end{cases}$$

即几何空间中曲线可以看成两个曲面的交线，曲线的参数方程是含有一个参数的方程：

$$\begin{cases} x=x(t) \\ y=y(t), a \leqslant t \leqslant b \ （3\text{--}6） \\ z=z(t) \end{cases}$$

其中，对于 $t(a \leqslant t \leqslant b)$ 的每一个值，由方程（3--6）确定的点 (x,y,z) 在此曲线上；而此曲线上任一点的坐标都可由 t 的某个值通过方程（3--6）表示。

例如，球面 $x^2 + y^2 + z^2 = R^2$ 与 Oxy 平面相交所得的圆的普通方程为

$$\begin{cases} x^2 + y^2 + z^2 = R^2 \\ z=0 \end{cases}$$

而这个圆的参数方程是

$$\begin{cases} x = R\cos\varphi \\ yR\sin\varphi, -\pi < \varphi \leqslant \pi \\ z=0 \end{cases}$$

四、旋转面

球面可以看成一个半圆绕它的直径旋转一周所形成的曲面。现在来研究更一般的情形。

一条曲线 Γ 绕一条直线 l 旋转所得的曲面称为旋转面，其中 l 称为轴，Γ 称为母线。

母线 Γ 上每个点绕 l 旋转得到一个圆，称为纬圆。纬圆与轴垂直。过 l 的半平面与旋转面的交线称为经线（或子午线）。经线可以作为母线，但母线不一定是经线。

已知轴 l 经过点 $F_1(x,y,z)$，方向向量为 $M_1\left(x_1,y_1,z_1\right)^T$，母线 Γ 的方程为

$$\begin{cases} F\left(x,y,z\right)=0 \\ G\left(x,y,z\right)=0 \end{cases}$$

我们来求旋转面的方程。

点 $M(x,y,z)$ 在旋转面上的充分必要条件是 M 在经过母线 Γ 上某一点 M_0 $\left(x_0,y_0,z_0\right)$ 的纬圆上，即有母线 Γ 上的一点 M_0，使得 M 和 M_0 到轴 l 的距离相等（或到轴上一点 M_1 的距离相等），并且 $\overrightarrow{MM_0} \perp l$，因此有

$$\begin{cases} F\left(x_0,y_0,z_0\right)=0 \\ G\left(x_0,y_0,z_0\right)=0 \\ \left|\overrightarrow{MM_1} \times v\right| = \left|\overrightarrow{M_0M_1} \times v\right| \\ l\left(x-x_0\right)+m\left(y-y_0\right)+n\left(z-z_0\right)=0 \end{cases}$$

从这个方程组中消去参数 x_0,y_0,z_0 就得到 x,y,z 的方程，它就是所求旋转面的方程。

现在设旋转面的轴为 z 轴，母线 Γ 在 Oyz 平面上，其方程为

$$\begin{cases} f\left(y,z\right)=0 \\ x=0 \end{cases}$$

则点 $M(x,y,z)$ 在旋转面上的充分必要条件是

$$\begin{cases} f\left(y_0,z_0\right)=0 \\ x_0=0 \\ x^2+y^2=x_0^2+y_0^2 \\ 1\cdot\left(z-z_0\right)=0 \end{cases}$$

消去参数 x_0,y_0,z_0，得

$$f\left(\pm\sqrt{x^2+y^2},z\right)=0 \quad （3-7）$$

（3-7）式就是所求旋转面的方程。由此看出，为了得到 Oyz 平面上的曲线

Γ 绕 z 轴旋转所得旋转面的方程，只要将母线 Γ 在 Oyz 平面上的方程中 y 改成 $\pm\sqrt{x^2+y^2}$，z 不动，坐标平面上的曲线绕坐标轴旋转面的方程都有类似的规律。

例 3-1

母线 Γ

$$\Gamma : \begin{cases} y^2 = 2pz \\ x = 0 \end{cases}, p > 0$$

绕 z 轴旋转所得旋转面的方程为

$$x^2 + y^2 = 2pz$$

这个曲面称为旋转抛物面。

例 3-2

母线 Γ

$$\Gamma : \begin{cases} \dfrac{x^2}{a^2} - \dfrac{y^2}{b^2} = 1 \\ z = 0 \end{cases}$$

绕 x 轴旋转所得旋转面的方程为

$$\frac{x^2}{a^2} - \frac{y^2 + z^2}{b^2} = 1$$

这个曲面称为旋转双叶双曲面。Γ 绕 y 轴旋转所得旋转面的方程为

$$\frac{x^2 + z^2}{a^2} - \frac{y^2}{b^2} = 1$$

这个曲面称为旋转单叶双曲面。

例 3-3

圆

$$\begin{cases} (x-a)^2 + z^2 = r^2 \\ y = 0 \end{cases}, 0 < r < a$$

绕 z 轴旋转所得旋转面的方程为

$$\left(\pm\sqrt{x^2+y^2} - a \right) z + z^2 = r^2$$

即

$$\left(x^2 + y^2 + z^2 + a^2 - r^2 \right) = 4a\left(x^2 + y^2 \right)$$

这个曲面称为环面。

例 3-4

设 l_1 和 l_2 是两条异面直线，它们不垂直，求 l_2 绕 l_1 旋转所得旋转面的方程。

解：设 l_1 和 l_2 的距离为 a。以 l_1 为 z 轴，l_1 和 l_2 的公垂线为 x 轴，且让 l_2 与 x 轴的交点坐标为 $(a,0,0)$，建立一个右手直角坐标系。设 l_2 的方向向量为 $v(l,m,n)$，因为 l_2 与 x 轴垂直，所以 $v \cdot e_3 = 0$，得 $l=0$。因为 l_1 与 l_2 异面，所以 v 与 e_3 不共线。于是 $m \neq 0$，因此可设 v 的坐标为 $(0,1,b)$。因为 l_1 与 l_2 不垂直，所以 $v \cdot e_3 \neq 0$。于是 $b \neq 0$，因此 l_2 的参数方程为

$$\begin{cases} x = a \\ y = t \\ z = bt \end{cases}, \quad -\infty < t < +\infty$$

点 $M(x,y,z)$ 在旋转面上的充分必要条件是

$$\begin{cases} x_0 = a \\ y_0 = t \\ z_0 = bt \\ x^2 + y^2 = x_0{}^2 + y_0{}^2 \\ 1 \cdot (z - z_0) = 0 \end{cases}$$

消去参数 x_0，y_0，z_0，得

$$x^2 + y^2 = a^2 + \frac{z^2}{b^2}$$

即

$$\frac{x^2}{a^2} + \frac{y^2}{b^2} - \frac{z^2}{a^2 b^2} = 1$$

这是一个旋转单叶曲面。

第二节　柱面和曲面

一、柱面方程的建立

一条直线 l 沿着一条空间曲线 C 平行移动时所形成的曲面称为柱面，其中 l 称为母线，C 称为准线。

按定义，平面也是柱面。

对于一个柱面，它的准线和母线都不唯一，但母线方向唯一（除去平面外），与每一条母线都相交的曲线均可作为准线。

设一个柱面的母线方向为 $v(l,m,n)$，准线 C 的方程为

$$\begin{cases} F(x,y,z) = 0 \\ G(x,y,z) = 0 \end{cases}$$

我们来求这个柱面的方程。

点 $M(x,y,z)$ 在此柱面上的充分必要条件是 M 在某一条母线上，即有准线 C 上一点 $M_0(x_0,y_0,z_0)$，使得 M 在经过 M_0，且方向向量为 v 的直线上。因此有

$$\begin{cases} F\left(x,y,z\right)=0 \\ G\left(x,y,z\right)=0 \\ x=x_0+lu \\ y=y_0+mu \\ z=z_0+nu \end{cases}$$

消去 x_0，y_0，z_0，得

$$\begin{cases} F\left(x-lu,y-mu,z-nu\right)=0 \\ G\left(x-lu,y-mu,z-nu\right)=0 \end{cases}$$

再消去参数 u，得到 x,y,z 的一个方程，它就是所求柱面的方程。

如果给的是准线 C 的参数方程

$$\begin{cases} x=f\left(t\right) \\ y=t\left(t\right) ,a\le t\le b \\ z=b\left(t\right) \end{cases}$$

则同理可得柱面的参数方程为

$$\begin{cases} x=f\left(t\right)+lu \\ y=t\left(t\right)+mu,a\le t\le b,-\infty<t<+\infty \\ z=b\left(t\right)+nu \end{cases}$$

二、圆柱面，点的柱面坐标

现在来看圆柱面的方程。圆柱面有一条对称轴 l，圆柱面上每一点到轴 l 的距离都相等，这个距离称为圆柱面的半径。圆柱面的准线可取成一个圆 C，它的母线方向与准线圆垂直。如果知道准线圆的方程和母线方向，则可用其求出圆柱面的方程[①]。

如果知道圆柱面的半径为 r，母线方向为 $v\left(l,m,n\right)$，以及圆柱面的对称轴 l_0 经过点 $M_0\left(x_0,y_0,z_0\right)$，则点 $M\left(x,y,z\right)$ 在此柱面上的充分必要条件是 M 到轴 l_0

---

① 　刘卉，黄可坤．空间曲面方程在数学建模中的应用 [J]．教育现代化，2018，5（13）：263-265.

的距离等于 r，即

$$\frac{\left|\overrightarrow{MM_0} \times v\right|}{|v|} = r$$

由此出发可求得圆柱面的方程。特别地，若圆柱面的半径为 r，对称轴为 z 轴，则这个圆柱面的方程为

$$x^2 + y^2 = r^2 \quad （3-8）$$

几何空间中任意一点 $M(x,y,z)$ 必在以 $r = \sqrt{x^2 + y^2}$ 为半径，z 轴为对称轴的圆柱面上。圆柱面上的点 M 被数对 (θ,u) 所确定，从而几何空间中任一点 M 被有序三元实数组 (r,θ,u) 所确定。(r,θ,u) 被称为点 M 的柱面坐标。点 M 的柱面坐标与它的直角坐标的关系是

$$\begin{cases} x = r\cos\theta, r \geq 0 \\ y = y\sin\theta, 0 \leq \theta \leq 2\pi \\ z = u, -\infty < u < +\infty \end{cases}$$

三、柱面方程的特点

从（3-18）式中看到，母线平行于 z 轴的圆柱面的方程式中不含 z（即 z 的系数为零）。这个结论对于一般的柱面也成立。

即若一个柱面的母线平行于 z 轴（x 轴或 y 轴），则它的方程中不含 z（x 或 y），则它一定表示一个母线平行于 z 轴（x 轴或 y 轴）的柱面。

证明：设一个柱面的母线平行于 z 轴，则这个柱面的每条母线必与 Oxy 相交，从而这个柱面与 Oxy 平面的交线 C 可以作为准线。设 C 的方程是

$$\begin{cases} f(x,y) = 0 \\ z = 0 \end{cases}$$

点 M 在此柱面上的充分必要条件是 $f(x,y)=0$，存在准线 C 上一点 $M_0(x_0,y_0,z_0)$ 使得 M 在经过 M_0 且方向向量为 $v(0,0,01)$ 的直线上。因此有

$$\begin{cases} f(x_0, y_0) = 0 \\ z_0 = 0 \\ x = x_0 \\ y = y_0 \\ z = z_0 + u \end{cases}$$

消去 (x_0, y_0, z_0)，得

$$\begin{cases} f(x, y) = 0 \\ z = u \end{cases}$$

由于参数 u 可以取任意实数值，于是得到这个柱面的方程为

$$f(x, y) = 0$$

反之，任给一个不含 z 的三元方程 $f(x, y) = 0$，我们考虑以曲线

$$C': \begin{cases} g(x, y) = 0 \\ z = u \end{cases}$$

为准线，z 轴方向为母线方向的柱面。由上述讨论知，这个柱面的方程为 $g(x, y) = 0$。因此，方程 $g(x, y) = 0$ 表示一个母线平行于 z 轴的柱面。

母线平行于 x 轴和 y 轴的情形可类似讨论。

例如，方程 $\dfrac{x^2}{a^2} + \dfrac{y^2}{b^2} - 1 = 0$ 表示母线平行于 z 轴的柱面，它与平面 Oxy 的交线为

$$\begin{cases} \dfrac{x^2}{a^2} + \dfrac{y^2}{b^2} - 1 = 0 \\ z = 0 \end{cases}$$

这条交线是椭圆，因而这个柱面称为椭圆柱面，类似地，方程

$$\frac{x^2}{a^2} - \frac{y^2}{b^2} + 1 = 0$$
$$x^2 + 2py = 0 \, (p > 0)$$

分别表示母线平行于 z 轴的双曲柱面、抛物柱面。

四、锥面方程的建立

在空间中，由曲线 C 上的点与不在 C 上的一个定点 M_0 的连线组成的曲面称为锥面，其中 M_0 称为顶点，C 称为准线，C 上的点与 M_0 的连线称为母线。

一个锥面的准线不唯一，锥面上与每一条母线都相交的曲线均可作为准线。

设一个锥面的顶点为 $M_0(x_0,y_0,z_0)$，准线 C 的方程为

$$\begin{cases} F(x,y,z)=0 \\ G(x,y,z)=0 \end{cases}$$

我们来求这个锥面的方程。

点 $M(x,y,z)$（$M \neq M_0$）在此锥面上的充分必要条件是 M 在一条母线上，即准线上一点 $M_1(x_1,y_1,z_1)$，使得 M_1 在直线 MM_0 上。因此有

$$\begin{cases} F(x_1,y_1,z_1)=0 \\ G(x_1,y_1,z_1)=0 \\ x_1=x_0+(x-x_0)u \\ y_1=y_0+(y-y_0)u \\ z_1=z_0+(z-z_0)u \end{cases}$$

消去 x_1,y_1,z_1，得

$$\begin{cases} F(x_0+(x-x_0)u,y_0+(y-y_0)u,z_0+(z-z_0)u)=0 \\ G(x_0+(x-x_0)u,y_0+(y-y_0)u,z_0+(z-z_0)u)=0 \end{cases}$$

再消去 u，得到 x,y,z 的一个方程，它就是所求锥面（除去顶点）的方程。

五、圆锥面

对于圆锥面，它有一根对称轴 l，它的每一条母线与轴 l 所成的角都相等，这个角称为圆锥面的半顶角。与轴 l 垂直的平面截圆锥面所得交线为圆。如果已知准线圆方程和顶点 M_0 的坐标，则可求得圆锥面的方程。如果已知顶点的坐标和轴 l 的方向向量 v 以及半顶角 α，则点 $M(x,y,z)$ 在圆锥面上的充分必要条件是

$$\left\langle \overrightarrow{MM_0},v \right\rangle = \alpha \text{或} \pi - \alpha$$

因此有

$$\left| \cos\left\langle \overrightarrow{MM_0},v \right\rangle \right| = \cos\alpha \quad (3\text{-}9)$$

可求得圆锥面的方程。

例 3-5

求以三根坐标轴为母线的圆锥面的方程。

解：显然，这个圆锥面的顶点为原点 O，设轴 l 的一个方向向量为 v。因为三根坐标轴为母线，所以由（3-9）式得

$$\left|\cos\langle e_1, v\rangle\right| = \left|\cos\langle e_2, v\rangle\right| = \left|\cos\langle e_3, v\rangle\right|$$

因此，轴 l 的一个方向向量 v 的坐标为（1，1，1，）或（1，1，-1，）或（1，-1，1，）或（1，-1，-1，）。考虑 v 的坐标为（1，1，1，），其余三种情形可类似讨论。

因为点 $M(x,y,z)$ 在这个圆锥面上的充分必要条件是

$$\left|\cos\langle \overrightarrow{OM}, v\rangle\right| = \left|\cos\langle e_1, v\rangle\right|$$

即

$$\frac{\left|\overrightarrow{OM} \cdot v\right|}{\left|\overrightarrow{OM}\right|\left|v\right|} = \frac{\left|e_1 \cdot v\right|}{\left|v\right|}$$

于是得

$$xy + yz + xz = 0 \quad （3-9）$$

这就是所求的一个圆锥面的方程。

六、锥面方程的特点

方程（3-10）的特点是"每一项都是二次的"，称之为二次齐次方程。如果令 $F(x,y,z)=xy+yz+xz$，则有

$$F(tx, ty, tz) = t^2(xy + yz + xz) = t^2 F(x, y, z) \quad （3-10）$$

关系式（3-10）可反映方程（3-10）是二次齐次方程的这一特点。一般地，有 $F(x,y,z)$ 称为 x,y,z 的 n 次齐次函数（n 是整数）。

如果

$$F(tx, ty, tz) = t^n F(x, y, z)$$

对于定义域中的一切 x, y, z 以及任意非零实数 t 都成立。此时，方程 $F(x, y, z)$ $= 0$ 称为 x, y, z 的 n 次齐次方程。

x, y, z 的 n 次齐次方程表示的曲面（添上原点）一定是以原点为顶点的锥面。

证明：设 $F(x, y, z)$ 是 n 次齐次方程，它表示的曲面添上原点后记作 S。在 S 上任取一点 $M_0(x_0, y_0, z_0)$，M_0 不是原点，于是直线 OM_0 上任一点 $M_1 \neq 0$ 的坐标 (x_1, y_1, z_1) 适合

$$\begin{cases} x_1 = x_0 t \\ y_1 = y_0 t, t \neq 0 \\ z_1 = z_0 t \end{cases}$$

从而有

$$F(x_1, y_1, z_1) = F(x_0 t, y_0 t, z_0 t) = t^n F(x_0, y_0, z_0) = 0$$

因此 M_1 在 S 上，于是整条直线 OM_0 都在 S 上，所以 S 是由经过原点的一些直线组成的，这说明 S 是锥面。

在以锥面的顶点为原点的直角坐标系中，锥面可以用 x, y, z 的齐次方程表示。

第三节 二次曲面和直纹面

一、二次曲面

在前面两节中，我们介绍了如何对几何特征很明显的球面、旋转面、柱面、锥面建立方程。本节则对于比较简单的二次方程，从方程出发去研究图形的性质。[①]

---

① 刘坤，任润润，任晓娜. 应用不变量化简四维欧式空间中二次曲面的方程 [J]. 陇东学院学报，2019（02）：1-6.

我们已经知道，二次方程

$$\frac{x^2}{a^2} + \frac{y^2}{b^2} - 1 = 0$$

$$\frac{x^2}{a^2} - \frac{y^2}{b^2} + 1 = 0$$

$$x^2 + 2py = 0$$

分别表示圆柱面、双曲柱面和抛物柱面，而二次方程

$$\frac{x^2}{a^2} + \frac{y^2}{b^2} - \frac{z^2}{c^2} = 0$$

则表示二次锥面。现在再研究几个二次方程表示的图形。

（一）椭球面

方程

$$\frac{x^2}{a^2} + \frac{y^2}{b^2} + \frac{z^2}{c^2} = 1 \ , \ a,b,c > 0 \ （3\text{-}11）$$

表示的曲面称为椭球面，它有下述性质：

（1）对称性。因为方程（3-11）中用 $-x$ 代替 x，方程不变，于是若点 $P(x,y,z)$ 在椭球面（3-11）上，则点 P 关于 Oyz 平面的对称点 $(-x,y,z)$ 也在此椭球面上，所以此椭球面关于 Oyz 平面对称。同理，由于方程（3-11）中用 $-y$ 代替 y，（$-z$ 代 z）方程不变，所以此椭球面关于 Ozx 平面（Oxy 平面）对称。因为方程（3-11）中同时用 $-x$ 代替 x，用 $-y$ 代替 y，方程不变，所以图形关于 z 轴对称。由类似的理由知，图形关于 y 轴，x 轴也对称。因为方程（3-11）中同时 $-x$ 代替 x，$-y$ 代 y，$-z$ 代替 z，方程不变，所以图形关于原点对称。总而言之，三个坐标面都是椭球面（3-4）的对称平面，三根坐标轴都是它的对称轴，原点是它的对称中心。

（2）范围。由方程（3-11）立即看出

$$|x| \le a \ , \ |y| \le b \ , \ |z| \le c \ ,$$

（3）形状。曲面（3-11）与 Oxy 平面的交线为

$$\begin{cases} \dfrac{x^2}{a^2} + \dfrac{y^2}{b^2} = 1 \\ z = 0 \end{cases}$$

这是在 Oxy 平面上的一个椭圆。同理可知，曲面（3-11）与 Oyz 平面（Ozx 平面）的交线也是椭圆。

用平行于 Oxy 平面的平面 $z=h$ 截曲面（3-11）得到的交线（称为截口）为

$$\begin{cases} \dfrac{x^2}{a^2} + \dfrac{y^2}{b^2} = 1 - \dfrac{h^2}{c^2} \\ z = h \end{cases}$$

当 $|h| \leq c$ 时，截口是椭圆；当 $|h|=c$ 时，截口是一个点；当 $|h| > c$ 时，无轨迹。

（4）等高线。把平行于 Oxy 平面的截口投影到 Oxy 平面上得到的投影线称为等高线。

（二）单叶双曲面和双叶双曲面

方程

$$\frac{x^2}{a^2} + \frac{y^2}{b^2} - \frac{z^2}{c^2} = 1 , \quad a,b,c > 0 \text{（3-12）}$$

表示的曲面称为单叶双曲面。[①] 它有下述性质：

（1）对称性。三个坐标面都是此图形的对称平面，三根坐标轴都是它的对称轴，原点是它的对称中心。

（2）范围。由方程（3-12）得

$$\frac{x^2}{a^2} + \frac{y^2}{b^2} = 1 + \frac{z^2}{c^2} \geq 1$$

所以此曲面的点全在柱面

$$\frac{x^2}{a^2} + \frac{y^2}{b^2} = 1$$

的外部或柱面上。

---

① 李小斌，朱佑彬.单叶双曲面直母线的一般形式 [J].高等数学研究，2019（01）：42-44.

（3）形状。此曲面与平面的交线为

$$\begin{cases} \dfrac{x^2}{a^2} + \dfrac{y^2}{b^2} = 1 \\ z = 0 \end{cases}$$

这是一个椭圆，称为此曲面的腰椭圆。

此曲面与 Oxz 平面，Oyz 平面的交线分别为

$$\begin{cases} \dfrac{x^2}{a^2} - \dfrac{z^2}{c^2} = 1 \\ y = 0 \end{cases} , \quad \begin{cases} \dfrac{y^2}{b^2} - \dfrac{z^2}{c^2} = 1 \\ x = 0 \end{cases}$$

它们都是双曲线。

此曲面平行于 Oxy 平面的截口为

$$\frac{x^2}{a^2} + \frac{y^2}{b^2} = 1 + \frac{h^2}{c^2}$$

这是一个椭圆，并且当 $|h|$ 增大时，截口椭圆的长、短半轴

$$a' = a\sqrt{1 + \frac{h^2}{c^2}}$$

$$b' = b\sqrt{1 + \frac{h^2}{c^2}}$$

称为单叶双曲面（3-5）的渐近锥面。

用平面 $z = h$ 截此锥面，截口为椭圆

$$\begin{cases} \dfrac{x^2}{a^2} + \dfrac{y^2}{b^2} = \dfrac{h^2}{c^2} \\ z = h \end{cases}$$

这个椭圆的长、短半轴分别为

$$a'' = a\frac{|h|}{c}, \quad b'' = b\frac{|h|}{c}$$

因为

$$a' - a'' = a\sqrt{1 + \frac{h^2}{c^2}} - a\frac{|h|}{c} = \frac{a}{2\sqrt{1 + \frac{h^2}{c^2}} - a\frac{|h|}{c}}$$

所以，$\lim\limits_{|h| \to \infty}(a' - a'') = 0$。同理，$\lim\limits_{|h| \to \infty}(b' - b'') = 0$。这说明，当调无限增大时，单叶双曲面的截口椭圆与它的渐近锥面的截口椭圆任意接近，即单叶双曲面与它的渐近锥面无限地任意接近。

方程

$$\frac{x^2}{a^2} + \frac{y^2}{b^2} - \frac{z^2}{c^2} = -1, \quad a,b,c > 0 \text{（3-13）}$$

表示的图形称为双叶双曲面。它有下述性质：

（1）对称性。关于坐标面、坐标轴、原点均对称。

（2）范围。由方程（3-12）得 $|z| >$。

（3）形状。此曲面与 Oxy 平面无交点，与 Oyz 平面，Oyz 平面平面，Oxy 平面的交线分别为

$$\begin{cases} \dfrac{z^2}{c^2} - \dfrac{x^2}{a^2} = 1 \\ y = 1 \end{cases}, \quad \begin{cases} \dfrac{z^2}{c^2} - \dfrac{y^2}{b^2} = 1 \\ x = 1 \end{cases}$$

它们都是双曲线，用平面 $z=h$（$|h| \geq c$）去截此曲面得到的接口为

$$\begin{cases} \dfrac{x^2}{a^2} + \dfrac{y^2}{b^2} = \dfrac{h^2}{c^2} - 1 \\ z = h \end{cases}$$

这是一个椭圆或者一个点。

（4）渐进锥面。锥面

$$\frac{x^2}{a^2} + \frac{y^2}{b^2} - \frac{z^2}{c^2} = 0$$

也就是双叶双锥面。

（三）椭圆抛物面和双曲抛物面

方程

$$\frac{x^2}{p}+\frac{y^2}{q}=2z, p,q \geq 0 \quad （3-14）$$

表示的曲面称为椭圆抛物面。它有下述性质：

（1）Oyz 平面，Oxy 平面是它的对称平面；z 轴是它的对称轴。

（2）范围。由方程（3-7）得 $z \geq 0$

（3）形状。它与平面 Ozx 平面的交线分别为

$$\begin{cases} x^2 = 2pz \\ y = 0 \end{cases}, \quad \begin{cases} y^2 = 2qz \\ x = 0 \end{cases}$$

它们都是抛物线。用平面 $z=h$（$|h| \geq c$）去截此曲面得到的截口为

$$\begin{cases} \dfrac{x^2}{p}+\dfrac{y^2}{q}=2h \\ z = h \end{cases}$$

它是一个椭圆或一个点。楠圆抛物面的方程

$$\frac{x^2}{p}-\frac{y^2}{q}=2z, p,q\quad （3-15）$$

表示的曲面称为双曲抛物面（或马鞍面）。

Ozx 平面和 Oyz 平面都是双曲抛物面（3-8）的对称平面，z 轴是它的对称轴。

双曲抛物面（3-15）与 Oxy 平面的交线为

$$\begin{cases} \dfrac{x^2}{p}-\dfrac{y^2}{q}=0 \\ z = 0 \end{cases}$$

这是一对相交直线（经过原点）。双曲抛物面（3-15）与 Ozx 平面，Oyz 平面的交线分别为

$$\begin{cases} x^2 = 2pz \\ y = 0 \end{cases}, \quad \begin{cases} y^2 = -2qz \\ x = 0 \end{cases}$$

它们都是抛物线，用平面 $z=h$（$h \neq 0$）去截此曲面，得到的截口为

$$\begin{cases} \dfrac{x^2}{p} - \dfrac{y^2}{q} = 2h \\ z = h \end{cases}$$

这是双曲线，当 $h > 0$ 时，实轴平行于 x 轴；当 $h < 0$ 时，实轴平行于 y 轴。
当平行移动抛物线

$$\begin{cases} y^2 = -2qz \\ z = h \end{cases}$$

使它的顶点沿抛物线

$$\begin{cases} x^2 = 2pz \\ x = 0 \end{cases}$$

移动时，便得到马鞍面（3-15）。这是因为，点 $M(x,y,z)$ 在此轨迹上的充
分必要条件是，M 在以抛物线

$$\begin{cases} x^2 = 2pz \\ x = 0 \end{cases}$$

上的一个点 $M_0(x_0, y_0, z_0)$ 为顶点且轴平行于 z 轴，形状、开口与

$$\begin{cases} y^2 = -2qz \\ x = 0 \end{cases}$$

一样的抛物线上，即有

$$\begin{cases} x_0^2 = 2pz_0 \\ y_0 = 0 \\ y_0 = -2q(z - z_0) \\ x = x_0 \end{cases}$$

消去 x_0, y_0, z_0，得到

$$y^2 = -2q\left(z - \frac{x^2}{2p}\right)$$

即 $\dfrac{x^2}{p} - \dfrac{y^2}{q} = 2z$

（四）二次曲面的种类

到目前为止，我们学过的二次曲面有以下 17 种 [①]。

1. 椭球面

（1）椭球面。

$$\frac{x^2}{a^2} + \frac{y^2}{b^2} + \frac{z^2}{c^2} = 1$$

（2）虚椭球面。

$$\frac{x^2}{a^2} + \frac{y^2}{b^2} + \frac{z^2}{c^2} = -1$$

（3）点。

$$\frac{x^2}{a^2} + \frac{y^2}{b^2} + \frac{z^2}{c^2} = 0$$

2. 双曲面

（4）单叶双曲面。

$$\frac{x^2}{a^2} + \frac{y^2}{b^2} - \frac{z^2}{c^2} = 1$$

（5）双叶双曲面。

$$\frac{x^2}{a^2} + \frac{y^2}{b^2} - \frac{z^2}{c^2} = -1$$

3. 抛物面

（6）椭圆抛物面。

① 　丘维声 . 高等代数 [M]. 科学出版社，2013.

$$\frac{x^2}{p} + \frac{y^2}{q} = 2z$$

（7）双曲抛物面。

$$\frac{x^2}{p} - \frac{y^2}{q} = 2z$$

4. 二次锥面

（8）二次锥面。

$$\frac{x^2}{a^2} + \frac{y^2}{b^2} - \frac{z^2}{c^2} = 0$$

5. 二次柱面

（9）圆柱面。

$$\frac{x^2}{a^2} + \frac{y^2}{b^2} = 1$$

（10）虚椭圆柱面。

$$\frac{x^2}{a^2} + \frac{y^2}{b^2} = -1$$

（11）直线。

$$\frac{x^2}{a^2} + \frac{y^2}{b^2} = 0$$

（12）双曲柱面。

$$\frac{x^2}{a^2} - \frac{y^2}{b^2} = 1$$

（13）一对相交平面。

$$\frac{x^2}{a^2} - \frac{y^2}{b^2} = 0$$

（14）抛物柱面。

$$x^2 = 2pz$$

（15）一对平行平面。

$$x^2 = a^2$$

（16）一对虚平行平面。

$$x^2 = -a^2$$

（17）一对重合平面。

$$x^2 = 0$$

二、直纹面

我们看到,柱面和锥面都是由直线组成的。这样的曲面称为直纹面。确切地说:一曲面 S 称为直纹面,如果存在一族直线,使得这一族中的每一条直线全在 S 上,并且 S 上的每个点都在这一族的某一条直线上。这样一族直线称为 S 的一族直母线。

二次曲面中哪些是直纹面？二次柱面（9种）和二次锥面（1种）都是直纹面。椭球面（3种）不是直纹面,因为它有界。双叶双曲面不是直纹面,因为当它由方程给出时,平行于 Oxy 平面的直线不可能全在 S 上,与平面相交的直线也不会全在 S 上。类似地可知,椭圆抛物面不是直纹面。剩下2种二次曲面:单叶双曲面和双曲抛物面,我们现在来说明它们都是直纹面。

单叶双曲面和双曲抛物面都是直纹面。

证明:设单叶双曲面 S 的方程是

$$\frac{x^2}{a^2} + \frac{y^2}{b^2} - \frac{z^2}{c^2} = 1 \quad （3-16）$$

点 $M_0(x_0, y_0, z_0)$ 在单叶双曲面 S 上的充分必要条件是

$$\frac{x_0{}^2}{a^2} + \frac{y_0{}^2}{b^2} - \frac{z_0{}^2}{c^2} = 1$$

移项并且分解因式，得

$$\left(\frac{x_0}{a}+\frac{z_0}{c}\right)\left(\frac{x_0}{a}-\frac{z_0}{c}\right)=\left(1+\frac{y_0}{b}\right)\left(1-\frac{y_0}{b}\right)\quad(3-10)$$

即

$$\begin{vmatrix} \dfrac{x_0}{a}+\dfrac{z_0}{c} & 1+\dfrac{y_0}{b} \\[3mm] 1-\dfrac{y_0}{b} & \dfrac{x_0}{a}-\dfrac{z_0}{c} \end{vmatrix}=0\quad(3-17)$$

或

$$\begin{vmatrix} \dfrac{x_0}{a}+\dfrac{z_0}{c} & 1-\dfrac{y_0}{b} \\[3mm] 1+\dfrac{y_0}{b} & \dfrac{x_0}{a}-\dfrac{z_0}{c} \end{vmatrix}=0\quad(3-18)$$

因为 $1+\dfrac{y_0}{b}$ 与 $1-\dfrac{y_0}{b}$ 不全为零，所以方程组

$$\begin{cases} \left(\dfrac{x_0}{a}+\dfrac{z_0}{c}\right)X+\left(1+\dfrac{y_0}{b}\right)Y=0 \\[3mm] \left(1-\dfrac{y_0}{b}\right)X+\left(\dfrac{x_0}{a}-\dfrac{z_0}{c}\right)Y=0 \end{cases}\quad(3-19)$$

是 X,Y 的一次齐次方程组。由（3-17）式知，方程组（3-19）有非零解，即存在不全为零的实数 μ_0,v_0，使得

$$\begin{cases} \mu_0\left(\dfrac{x_0}{a}+\dfrac{z_0}{c}\right)+v_0\left(1+\dfrac{y_0}{b}\right)=0 \\[3mm] \mu_0\left(1-\dfrac{y_0}{b}\right)+v_0\left(\dfrac{x_0}{a}-\dfrac{z_0}{c}\right)=0 \end{cases}\quad(3-20)$$

这表明点 M_0 在直线

$$\begin{cases} \mu_0\left(\dfrac{x}{a}+\dfrac{z}{c}\right)+v_0\left(1+\dfrac{y}{b}\right)=0 \\ \mu_0\left(1-\dfrac{y}{b}\right)+v_0\left(\dfrac{x}{a}-\dfrac{z}{c}\right)=0 \end{cases} \quad (3\text{--}21)$$

上。现在考虑一族直线：

$$\begin{cases} \mu\left(\dfrac{x}{a}+\dfrac{z}{c}\right)+v\left(1+\dfrac{y}{b}\right)=0 \\ \mu\left(1-\dfrac{y}{b}\right)+v\left(\dfrac{x}{a}-\dfrac{z}{c}\right)=0 \end{cases} \quad (3\text{--}22)$$

其中 μ, v，取所有不全为零的实数。若 (μ_1, v_1) 与 (μ_2, v_2) 成比例，则它们确定直线族（3–22）中的同一条直线；若它们不成比例，则它们确定不同的直线。所以直线族（3–22）实际上只依赖于一个参数：μ 与 v 的比值。上面证明了：单叶双曲面 S 上的任一点 M_0 在直线族（3–22）的某一条直线（3–21）上。现在从直线族（3–22）中任取一条直线 l_1，它对应于 (μ_1, v_1)，且在 l_1 上任取一点 $M_1(x_1, y_1, z_1)$，则有

$$\begin{cases} \mu_1\left(\dfrac{x_1}{a}+\dfrac{z_1}{c}\right)+v_1\left(1+\dfrac{y_1}{b}\right)=0 \\ \mu_1\left(1-\dfrac{y_1}{b}\right)+v_1\left(\dfrac{x_1}{a}-\dfrac{z_1}{c}\right)=0 \end{cases} \quad (3\text{--}23)$$

因为 (μ_1, v_1) 不全为零，所以（3–23）式说明二元一次方程组

$$\begin{cases} \left(\dfrac{x_1}{a}+\dfrac{z_1}{c}\right)X+\left(1+\dfrac{y_1}{b}\right)Y=0 \\ \left(1-\dfrac{y_1}{b}\right)X+\left(\dfrac{x_1}{a}-\dfrac{z_1}{c}\right)Y=0 \end{cases} \quad (3\text{--}24)$$

有非零解，从而方程组（3–18）的系数行列式等于零。于是，由本证明的开始部分知，$M_1(x_1, y_1, z_1)$ 在单叶双曲面 S 上。所以，S 是直纹面，且直线族（3–22）是它的一族直母线。

类似地，用（3–18）式可得 S 的另一族直母线：

其中 μ, v 取所有不全为零的实数。

类似的方法可以证明双曲抛物面也是直纹面。若它的方程是

$$\frac{x^2}{p} - \frac{y^2}{q} = 2z \quad （3-25）$$

则它有两族直母线：

$$\begin{cases} \left(\dfrac{x}{\sqrt{p}} + \dfrac{y}{\sqrt{q}} \right) + 2\lambda = 0 \\ z + \lambda \left(\dfrac{x}{\sqrt{p}} - \dfrac{y}{\sqrt{q}} \right) = 0 \end{cases} \quad （3-26）$$

和

$$\begin{cases} \lambda \left(\dfrac{x}{\sqrt{p}} + \dfrac{y}{\sqrt{q}} \right) + z = 0 \\ 2\lambda + \left(\dfrac{x}{\sqrt{p}} - \dfrac{y}{\sqrt{q}} \right) = 0 \end{cases} \quad （3-27）$$

其中，λ 取所有实数。

第四节　曲面的交线及其围成的区域

一、画空间图形常用的三种方法

在纸上画空间图形时，常用的有以下三种方法：

（1）斜二测法（即斜二等轴测投影法）。

让 z 轴垂直向上，y 轴水平向右，x 轴与 y 轴，z 轴分别成 135°角。规定 y 轴与 z 轴的单位长度相等，而 x 轴的单位长度为 $;K$ 轴的单位长度的一半。

（2）正等测法（即正等轴测投影法）。让 z 轴垂直向上，x 轴，y 轴，z 轴两两成 120°角。规定三根轴的单位长度相等。

（3）正二测法（即正二等轴测投影法）。让 z 轴垂直向上，x 轴与 z 轴

的夹角为 $90°+\alpha$，其中 α 是锐角，且 $\tan\alpha \approx \dfrac{7}{8}$；$y$ 轴与 z 轴的夹角为 $90°+\beta$，

其中 β 是锐角，且 $\tan\beta \approx \dfrac{1}{8}$。规定 z 轴和 y 轴的单位长度相等，而 * 轴的单位长度为 y 轴的单位长度的一半。有时也让 x 轴与 z 轴夹角为 $90°+\beta$，

其中 $\tan\beta \approx \dfrac{1}{8}$；$y$ 轴的负向与 z 轴的夹角为 $90°+\alpha$，其中 $\tan\alpha \approx \dfrac{7}{8}$。此时 x 轴与 z 轴的单位长度相等，y 轴的单位长度为 z 轴的单位长度的一半。

一般来说，采用正二测法画出的图形较逼真。我们现在用正二测法画空间中的一个圆，它的方程是

$$\begin{cases} x^2 + y^2 = 1 \\ y = 2 \end{cases}$$

先过点 $M_1(0,2,0)^T$ 分别作 z 轴和 x 轴的平行线，并截取 $ME = ME' = 1$（z 轴的单位长度），截取 $ME = ME' = 1$（x 轴的单位长度）。过 E，E'，F,F'，分别作 x 轴和 z 轴的平行线，相交成一个平行四边形。再作它的内切椭圆，使切点为 E，E'，F,F'，则所画的这个内切椭圆就是我们所要画的空间中的圆，在画出直线后，也可用描点法画出我们所要画的圆。

画空间中的椭圆的方法与上述类似。画空间中的双曲线或抛物线时，先画出它们所在的平面（若它平行于坐标面，则类似于上述画直线 EE' 和 FF'），然后在这个平面内用描点法画出双曲线或抛物线。我们已经会画空间中的椭圆、双曲线、抛物线，从而也就容易画出用标准方程给出的二次曲面了。例如，画单叶双曲面

$$\frac{x^2}{a^2} + \frac{y^2}{b^2} - \frac{z^2}{c^2} = 1$$

只要先画出用 $z \neq c$ 截曲面所得的截口椭圆以及腰椭圆，再画出曲面与 Ozx 平面和 Ozx 平面相交所得的双曲线，最后画出必要的轮廓线就可以了。

二、曲线在坐标平面上的投影

空间中任一点 M 以及它在三个坐标平面上的投影点 $M_1M_2M_3$ 这四个点中，只要知道了其中两个点，就可以画出另外两个点。譬如，若知道了 M_2M_3 两个点，

则要分别过 M_2M_3 画出投影线（平行于相应坐标轴的直线），它们的交点就是点 M，再过 M 画投影线（平行于 z 轴），它与 Oxy 平面的交点就是点 M_1。

根据上述道理，为了画出两个曲面的交线 Γ，就只要先画出 Γ 上每个点在某两个坐标面上的投影。

曲线 Γ 上的所有点在 Oxy 平面上的投影组成的曲线称为 Γ 在 Oxy 平面上的投影。显然，曲线 Γ 在平面上的投影就是以 Γ 为准线、母线平行于 z 轴的柱面与 Oxy 平面的交线。这个柱面称为 Γ 沿 z 轴的投影柱面。类似地，可考虑 Γ 在 Oxy 平面和平面上的投影。

例 3-6

求曲线

$$\Gamma : \begin{cases} x^2 + y^2 + z^2 = 4 \\ x^2 + y^2 - 2z = 0 \end{cases} \quad (3\text{-}28)$$

在各坐标平面上的投影的方程，并且画出曲线 Γ 及其在各坐标面上的投影（曲线 Γ 称为维维安尼曲线）。

解：Γ 沿 z 轴的投影柱面的方程应当不含 z，且 Γ 上的点应适合这个方程，显然方程（3-28）就符合要求。但是要注意，一般说来，投影柱面可能只是柱面（3-28）的一部分，这要根据曲线 Γ 上的点的坐标有哪些限制来决定。对于本题来说，由方程（3-27）知，Γ 上的点应满足。

$$|x| \leqslant 2, \ |y| \leqslant 2, \ |z| \leqslant 2 \quad (3\text{-}29)$$

显然满足方程（3-22）的点均满足这些要求，因此整个柱面（3-22）都是 Γ 沿 z 轴的投影柱面，从而 Γ 在 Oxy 平面上的投影的方程是

$$\begin{cases} x^2 + y^2 - 2x = 0 \\ z = 0 \end{cases} \quad (3\text{-}30)$$

为了求 Γ 沿 y 轴的投影柱面，应当从 Γ 的方程中设法得到一个不含 y 的方程。用方程（3-21）相减即得

$$z^2 + 2x = 4 \quad (3\text{-}32)$$

由于 Γ 上的点应满足 $|z| \leqslant 2$，所以 Γ 沿 y 轴的投影柱面只是柱面（3-32）中满足 $|z| \leqslant 2$ 的那一部分。于是，Γ 在平面上的投影的方程是

$$\begin{cases} x^2 + 2x = 4 \\ y = 0 \end{cases} \quad (3\text{-}33)$$

其中 $|z| \leqslant 2$。

类似地，可求得 Γ 在 Oxy 平面上的投影的方程为，

$$\begin{cases} 4y^2 + \left(z^2 - 2\right)^2 = 4 \\ x = 0 \end{cases} \quad (3\text{-}34)$$

Γ 在 Oxy 平面上的投影是一个圆，在 Oxy 平面上的投影是抛物线的一段，这

两个投影比较好画，因此先画出 Γ 的这两个投影，然后就可画出曲线 Γ 以及它在 Oxy 平面上的投影。由于曲线 Γ 关于平面对称，所以我们只画出平面上方的那一部分。

例 3-7

求曲线

$$\Gamma:\begin{cases} x^2 + y^2 - z^2 = 0 & （3-35） \\ 2x - z^2 + 3 = 0 \end{cases}$$

在 Oxy 平面和 Oxy 平面上的投影的方程，并且画出这两个投影和曲线 Γ（在 Oxy 平面上方的部分）。

解：先看 Γ 上的点的坐标有哪些限制。从方程（3-35）得

$$|x| \le |z|, |y| \le |z|$$

再代入方程（3-35）中得

$$0 = 2x - z^2 + 3$$
$$\le 2x - x^2 + 3$$
$$= -(x-1)^2 + 4$$

于是得

$$-1 \le x \le 3$$

Γ 在 Oxy 平面上的投影的方程为

$$\begin{cases} (x-1)^2 + y^2 = 4 \\ z = 0 \end{cases} \quad （3-36）$$

在 Oxy 平面上的投影的方程为

$$\begin{cases} 2x - z^2 + 3 = 0 \\ y = 0 \end{cases} \quad （3-37）$$

其中 $-1 \le x \le 3$。

三、曲面所围成的区域的画法

几个曲面或平面所围成的空间的区域可用几个不等式联立起来表示。如何画出这个区域呢？关键是要画出相应曲面的交线，随之，所求区域就表示出来了。

例 3–8

用不等式组表示出下列曲面或平面所围成的区域，并画图：

$$x^2 + y^2 = 2z$$
$$x^2 + y^2 = 4x$$
$$z = 0$$

解：$x^2 + y^2 = 2z$ 是椭圆抛物面，$x^2 + y^2 = 4x$ 是圆柱面，$z = 0$ 是外平面，因此它们所围成的区域应当在 Oxy 平面上及其上方，在椭圆抛物面上及其外部，在圆柱面上及其内部。于是这个区域可表示成

$$\begin{cases} z \geq 0 \\ x^2 + y^2 \geq 2z \\ x^2 + y^2 \geq 4x \end{cases}$$

为了画出这个区域，关键是要画出椭圆抛物面与圆柱面的交线

$$\Gamma : \begin{cases} x^2 + y^2 = 2z \\ x^2 + y^2 = 4x \end{cases}$$

r 在 Oxy 平面上的投影的方程为

$$\begin{cases} z = 0 \\ x^2 + y^2 = 4x \end{cases}$$

在 Oxy 平面上的投影的方程为

$$\begin{cases} z = 2x \\ y = 0 \end{cases}, 0 \leq x \leq 4$$

由 Γ 的两个投影可画出 Γ，再画出圆柱面和椭圆抛物面，则所求的区域就画出来了。

第四章

等距变换与仿射变换

本章我们将介绍研究几何学的一种新的途径：用"几何变换"研究几何学。几何变换不同于坐标变换，坐标变换中变化的是坐标系，几何对象（点、几何图形）并不改变；而几何变换则是几何对象的变化。例如将平面上的一个图形平移，或绕某一点旋转，或绕某一条直线翻转；又如将一个图形压缩等等，都是图形的变化。本章要介绍的等距变换和仿射变换就是两类重要的几何变换。

对几何图形的某一种特定变化来说，图形的有些性质会改变，有些性质不改变。例如在图形作压缩时，距离、夹角、面积等都要改变，但是直线还是变为直线，线段间的平行性仍保持，简单比也不改变。在图形作翻转时，距离、夹角、面积等都不改变，但是位置、定向要改变。

研究"几何变换"的主要内容就是讨论在各类几何变换中图形几何性质的变化规律，这使得我们能够在运动和变化中研究几何图形的性质。

"几何变换"不仅在理论上深化了几何学的研究，它还提供了解决几何问题的一个有效方法。掌握这种方法是学习本章的主要目的之一。下面先讲一个简单例子，它是两张平面间的"平行投影"的应用。

设 π_1 和 π_2 是空间中两张相交的平面，u 是与 π_1 和 π_2 都不平行的一个向量。我们来规定从 π_1 和 π_2 的一个映射 $f:\pi_1 \to \pi_2$ 为 $\forall P \in \pi_1$，令 $f(P)$ 是过 P，平行于 u 的直线的交点，称这个映射为从 π_1 到 π_2 的一个平行投影。容易看出，一般来说平行投影不保持距离、角度等度量概念（除非 u 与 π_1 和 π_2 的交线垂直，并且与 π_1 和 π_2 的夹角相等），但是把 π_1 上的直线变为 π_2 上的直线，能够保持直线的平行性和共线三点的简单比。于是，π_1 上的一个三角形 $\triangle_1$ 变为 π_2 上的一个三角形 $\triangle_2$。它们不一定全等，但是 $\triangle_1$ 的各边的中点变为 $\triangle_2$ 的对应边的中点，$\triangle_1$ 的重心变为 $\triangle_2$ 的重心。

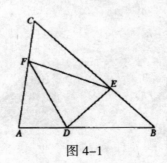

图 4-1

例 4-1

在 $\triangle ABC$ 的三边上各取点 D,E,F（参见图 4-1），使得简单比 $(A,B,D)=(B,C,E)=(C,A,F)$，证明 $\triangle DEF$ 的重心和 $\triangle ABC$ 的重心重合。

对 $\triangle ABC$ 是正三角形的情形证明比较容易：设 O 是 $\triangle ABC$ 的重心，让 $\triangle ABC$ 绕 O 点旋转 120°，把 A 变为 B，B 变为 C，C 变为 A，则 D 变为 E，E 变 F，F 变为 D。于是 $\triangle DEF$ 也是正三角形，并且重心也是 O。

对于一般的三角形，上述方法不能用了，但是如果它是某个正三角形在一个平行投影下的像，那么利用平行投影保持简单比，并且把重心变为重心的性质，结论对它也就成立了。

现在的问题是：是否对于任何三角形，都可设计出一个平行投影，使得它是一个平行投影下某个正三角形的像？回答是肯定的，从直观上不难接受，在这里不做严密论证。本章中将把"平行投影"加以推广和抽象，给出仿射变换和仿射映射的概念，对相应的问题将会得到严格的讨论。

本章以仿射变换为讨论的主要内容，把等距变换看作它的特殊情形。只讲平面上的这两种变换，但是要把它们推广到空间的情形并没有实质性的困难。

第一节　平面上的等距变换与仿射变换

一、一一对应与可逆变换

集合间的映射是本章的基础，先来回顾以后常要用的与映射有关的几个概念，并介绍本书中所用的记号。

集合 X 到集合 Y 的一个映射 $f:X \to Y$ 是把 X 中的点对应到 Y 中的点的一个法则，即 $\forall x \in X$，都决定 Y 中的一个元素 $f(x)$，称为点 x 在 f 下的像点。对 X 的一个子集 A，记

$$f(A)=\left\{f(a)\,\middle|\,a \in A\right\}$$

它是 Y 的一个子集，称为 A 在 f 下的像。对 Y 的一个子集 B，记

$$f^{-1}(B) = \left\{ x \in X \middle| f(x) \in B \right\}$$

称为 B 在 f 下的完全原像，它是 X 的子集（也有可能为 $\varnothing$，此时 X 的任何点的像均不在 B 中）。

如果 f 是 X 到 Y 的映射，g 是 Y 到 Z 的映射，则它们的复合（也称乘积）是 X 到 Z 的映射，记作 $g \circ f$: $X \to Z$，规定为

$$g \circ f(x) = g(f(x)), \forall x \in X \text{。}$$

对 $A \subset X$，$g \circ f(A) = g(f(A))$；

对 $C \subset Z$，$(g \circ f)^{-1}(C) = f^{-1}(g^{-1}(C))$。

映射的复合无交换律，但有结合律，即对三个映射 f: $X \to Z$，g: $Y \to Z$，h: $Z \to W$，有

$$h \circ (g \circ f) = (h \circ g) \circ f$$

一个集合 X 到自身的映射称为 X 上的一个变换，称 X 上把每一点变为自身的变换为 X 的恒同变换，记作 id_X: $X \to X$。

对一个映射 f: $X \to Y$，如果有映射 g: $Y \to Y$，使得

$$g \circ f = \mathrm{id}_Y \text{: } X \to X \text{，} \quad g \circ f = \mathrm{id}_Y \text{: } Y \to Y \text{，}$$

则说 f 是可逆映射，称 g 是 f 的逆映射。

如果在映射 f: $X \to Y$ 下 X 的不同点的像一定不同，则称 f 为单射，此时，$\forall y \in Y$，$f^{-1}(y)$ 或是一点（$y \in f(X)$ 时），或为空集（当 y 不在 $f(X)$ 时）。

如果 $f(X) = Y$，即 $\forall y \in Y$，$f^{-1}(y)$ 不是空集，则称 f: $X \to Y$ 是满射。

如果 f: $X \to Y$ 既是单射，又是满射，则称 f 为一一对应。此时，$\forall y \in Y$，$f(y)$ 是 X 中的一个点，从而 f^{-1} 给出了 Y 到 X 的一个映射，它也是一一对应的，并且 $f^{-1} \circ f = \mathrm{id}_X$，$f \circ f^{-1} = \mathrm{id}_Y$，于是 f 是可逆映射，并且 f 的逆映射是 f^{-1}。

反之，如果 f: $X \to Y$ 是可逆映射，则它是一一对应的，并且它的逆映射就是 f^{-1}。

两个可逆映射的复合也是可逆映射。设 g 和 f 都是可逆映射，并且 $g \circ f$ 有意义，则

$$(g \circ f)^{-1} = f^{-1} \circ g^{-1}$$

一个集合 X 到自身的可逆映射称为 X 上的可逆变换。例如 id_X 就是 X 的一个可逆变换，其逆变换就是它自己。

二、平面上的变换群

以后我们主要讨论一张平面的可逆变换。下面列举常用的平面可逆变换的实例。

（1）平移。

取定平行于平面的一个向量 u，规定 π 的变换 P_u：$\pi \to \pi$ 为：$\forall A \in \pi$，令 $P_u(A)$ 是使得 $\overrightarrow{AP_u(A)} = u$ 的点。称 P_u 为 π 上的一个平移，称向量 u 是 P_u 的平移向量。不难看出，P_u 是 π 的一个可逆变换，并且 $(P_u)^{-1} = P_{-u}$。

（2）旋转。

取定 π 上一点 O，取定角 θ，规定 π 的变换 r：$\pi \to \pi$ 为：$\forall A \in \pi$，令 $r(A)$ 是 A 绕 O 转 θ 角所得的点。称变换 r 是 π 上的一个旋转，称 O 是其旋转中心，θ 为转角，r 也是可逆变换，r^{-1} 也是以 O 为中心的旋转，转角为 $-\theta$。

当 $\theta = 180°$ 时，称 r 关于中心 O 点 中心对称，此时 $r^{-1} = r$。

（3）反射。

取定 π 上的一条直线 l，做 π 的变换 η_1：$\pi \to \pi$ 为：$\forall A \in -\pi$，$\eta_1(A)$ 是 A 关于 l 的对称点。称 η_1 为 π 上的一个反射，称 l 是它的反射轴，η_l 也是可逆变换，$(\eta_l)^{-1} = \eta_l$。

（4）正压缩。

取定 π 上的一条直线 l 和一个正数 k，做 π 的变换 ξ：$\pi \to \pi$ 为：$\forall A \in \pi$，令 $\xi(A)$ 是下列条件决定的点：

1）$\overrightarrow{P\xi(A)}$ 与 l 垂直；

2）$\xi(A)$ 到 l 的距离 $d\xi(A), l = kd(A, l)$；

3）$\xi(A)$ 与 A 在 l 的同一侧。

称变换 ξ 为 π 上的一个正压缩，称 l 为压缩轴，称 k 为压缩系数。ξ 也是可逆变换，并且 ξ^{-1} 也是以 l 为压缩轴的压缩变换，压缩系数为 k^{-1}。

压缩系数 $k=1$ 的压缩就是 $id, k > 1$ 时实际上是拉伸（距离要增大），$k < 1$ 时才是真正通常意义下的压缩。我们通称压缩，对它们不在称呼上加以区别了。

请注意，上面说的平移、旋转、反射和正压缩等概念是在全平面上定义的，不是指个别点或我们所关心的某个图形上的行为。

一个集合 G，如果它的元素都是 π 上的可逆变换，并且满足条件：① G 中任何元素的逆也在 G 中；② G 中任何两个元素的复合也在 G 中，则称 G 是 π 上的一个变换群。

例如 π 上的由全体平移构成的集合是一个变换群，因为不难看出，$P_{u'} \circ P_u = P_{u+u'}$，并且 $(P_u)^{-1} = P_{-u}$。取定一点 $O \in \pi$，则 π 上全体以 O 为旋转中心的旋转构成变换群，两个绕 O 的转角分别为 θ_1，θ_2 的旋转的复合是绕 O 转 $\theta_1 + \theta_2$ 角的旋转。但全体旋转（中心和转角都任意）不构成变换群，两个不同中心的旋转的复合可能仍为旋转，也可能为平移。以上变换群所含变换的个数是无穷多个。

下面再给出几个有限变换群（即包含的元素只有有限个）的例子。

一个反射 η 和 id 构成变换群（只含两个变换）。

取定自然数 n，则以同一点 O 为中心，转角为 $\dfrac{2\pi}{n}$ 的整数倍的所有旋转构成变换群，它含有 n 个变换，即分别以 $0, \dfrac{2\pi}{n}, \dfrac{4\pi}{n} \cdots \dfrac{2(n-1)\pi}{n}$ 为转角的变换。

仅有一个 id 变换也构成变换群，这是最小的变换群，它包含在每个变换群中。

平面 π 的全体可逆变换的集合也构成变换群，它是最大的变换群，任何其他变换群都包含在它里面。

三、等距变换

平面 π 上的一个变换 f 如果满足：对 π 上的任意两点 A，B，总有

$$d\big(f(A)\big), f(B) = d(A, B)$$

则称 f 是 π 上的一个等距变换。

例如平移、旋转和反射都是等距变换，而压缩系数 $k \neq 1$ 的正压缩则不是等距变换。

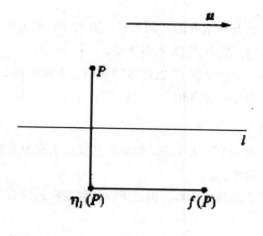

图 4–2

不难看出，两个等距变换复合仍是等距变换。下面我们用这个性质构造一个等距变换，它既不是平移、旋转，又不是反射。取定 π 上一直线 l，一个平行于 l 的非零向量 u，作关于 l 的反射 η_l 和平移 P_u 的复合 $f = P_u \circ \eta_l$（见图 4–2），则 f 是等距变换，但不是旋转和反射（因为 f 没有不动点，而旋转和反射都有不动点），又不是平移（因为向量 $\overline{Af(A)}$ 与 A 有关，当 A 在 l 上时，$\overline{Af(A)}=u$，当 A 不在 l 上时 $\overline{Af(A)} \neq u$）。我们把这种等距变换称为滑反射。以后我们将说明等距变换不外乎上面提到的 4 种。

命题 4–1：等距变换是可逆互换。

证明：设 f: $\pi \to \pi$ 是等距映射，则当 $A \neq B$ 时，

$$d\big(f(A)\big), f(B) = d(A,B) > 0$$

从而 $f(A) \neq f(B)$，这说明 f 是单射。还应该说明 f 是满射，即对 π 上任意一点 Q，要说明 $f^1(Q)$ 不是空集。

取定 π 上一个等边三角形 $\triangle ABC$，记 $A' = f(A), B' = f(B), C' = f(C)$，则 $\triangle A'B'C'$ 也是等边三角形，从而 Q 至少和它的两个顶点不共线，不妨设 A'，B' 和 Q 不共线。此时，可找到两个不同的点 $P_1 P_2$，使得 $\triangle ABP_i \cong A'B'Q, i=1,2$，由于 f 是保距的，

$$\Delta A'B'f(P_1) \cong \Delta ABP_1 \cong A'B'Q$$

由于有公共边的互相全等的三角形只能有两个，而 $f(P_1)$ 和 $f(P_2)$ 是不同点，其中一定有一个为 Q，从而 $f^1(Q)$ 不是空集。

显然等距变换 f 的逆变换 f^1 也是等距变换，于是平面 π 的全体等距变换构成一个变换群，称为等距变换群。

四、仿射变换

平面（空间）的一个可逆变换，如果把共线点组变为共线点组，则称为平面（空间）的一个仿射变换。

本书只讨论平面的仿射变换，但是平面仿射变换的所有结果对空间仿射映射也都是成立的[①]。

等距变换一定是仿射变换（因为三角形两边之和大于第三边，点组的共线性完全可由距离来确定）；容易验证，正压缩把共线点组变为共线点组，因此也是仿射变换。

一张平面到另一张平面的平行投影也把共线点组变为共线点组，但它不是平面的可逆变换，只是一个可逆映射。我们把平面间保持点组共线性的可逆映射称仿射映射。

从定义容易看出，仿射变换的复合也是仿射变换。

下面我们再介绍几个常见的仿射变换。

（一）位似变换

取定平面 π 上一点 O 和一个不为 0 的实数 λ，规定 π 上的变换 f：$\pi \to \pi$ 为：$\forall P \in \pi$，令 $f(P)$ 是由等式 $\overrightarrow{Of(P)} = \lambda\overrightarrow{OP}$ 决定的点（见图 4-3）。称 f 是一个位似变换，称 O 为它的位似中心，λ 为位似系数。

---

① 管焱然，管有庆. 基于 OpenCV 的仿射变换研究与应用 [J]. 计算机技术与发展，2016，

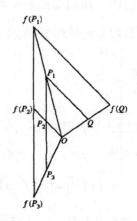

图 4–3

位似系数为 1 的位似变换就是恒同变换，位似系数为 –1 的位似变换就是关于位似中心的中心对称。显然，两个有相同位似中心 O 的位似变换的复合也是位似变换，位似中心还是 O，位似系数相乘。于是，如果 f 是位似系数为 λ 的位似变换，记 g 是与 f 有相同位似中心，其位似系数为 λ^{-1} 的位似变换，则

$$g \circ f = \mathrm{id} \ , \quad f \circ g = \mathrm{id}$$

这说明位似变换是可逆变换。容易利用相似三角形的性质说明位似变换把共线点组变为共线点组，从而位似变换是仿射变换。

（二）相似变换

平面 π 的一个变换 $f: \pi \to \pi$ 称为相似变换，如果存在正数 k，使得对 π 上任意两点 A,B 都有

$$d\big(f(A)\big), f(B) = kd(A,B)$$

称 k 为 f 的相似比。

位似变换是相似变换，如果位似系数为 λ，则相似比为 $|\lambda|$。易见两个相似变换的复合也是相似变换，复合的相似比为两个相似比的乘积。

对照等距变换与相似变换的定义，立刻可看出：相似比为 1 的相似变换是等距变换。

利用上面这些性质容易证明，相似变换是一种仿射变换：设 f 是相似比为 k 的相似变换，作一个位似系数为 $\frac{1}{k}$ 的位似变换 g，则 $h=g\circ f$ 是相似比为 1 的相似变换，从而 h 是等距变换，于是 $f=g^{-1}\circ h$，g^{-1} 也是位似变换，从而 g^{-1}，h 是仿射变换，因此 f 是仿射变换。

（三）错切变换

取定平面 π 上的一条直线 l，并取定 l 的一个单位法向量 n 以及与 l 平行的一个向量 u，规定变换 f：$\pi \to \pi$ 为：$\forall P\in \pi$，令 $f(P)$ 是满足等式

$$\overrightarrow{Pf(P)}=\left(\overrightarrow{M_0P}\cdot n\right)u$$

的点，其中 M_0 是 l 上一点（请注意，内积 $\overrightarrow{M_0P}\cdot n$ 与 M_0 在 l 上的选择无关），称此变换为以 l 为错切轴的一个错切变换。

由定义看出，错切轴上的点是不动的；轴外的点作平行于 l 的移动，在 m 所指的一侧的点移动方向与 u 相同，另一侧的点移动方向与 u 相反，移动距离与点到 l 的距离成正比（见图 4-4）。

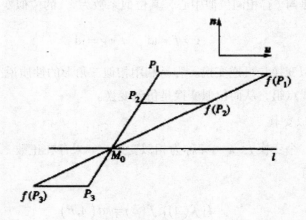

图 4-4

$u=0$ 的错切就是恒同。两个都以 l 为轴的错切 f_1，f_2 的复合 f_1，f_2 也是以 l 为轴的错切，如果 n 一样，并且分别由 u_1，u_2 决定，则 f_1，f_2 由 n 和 u_1，u_2 决定，于是当 u_1，$u_2=0$ 时，f_1，$f_2=id=f_1$，f_2，即 f_1，f_2 为一对互逆的可逆变换。

下面说明错切是仿射变换，为此还要说明它把共线点组变为共线点组，只需

对三个共线点 P_1, P_2, P_3 来说明。设它们在直线 l' 上。

如果 $l' /\!/ l$，则由定义看出，$f(P_1), f(P_2), f(P_3)$, 都仍在 l'，上。如果 l' 与 l 相交于一点 M_0，不妨设 P_1 不是 M_0。此时可设

$$\overrightarrow{M_0 P_i} = k_i \overrightarrow{M_0 P_1} \ （i=1,2\dots）$$

则

$$\overrightarrow{P_i f(P_i)} = \left(\overrightarrow{M_0 P_i} \cdot n\right) u = k_i \left(\overrightarrow{M_0 P_1} \cdot n\right) u = k_i \overrightarrow{P_i f(P_1)}$$

于是 $\triangle M_0 P_i f(P_i)$ 与 $\triangle M_0 P_1 f(P_1)$ 相似，从而 M_0，$f(P_1)$ $f(P_i)$ 共线。于是 $f(P_1)$，$f(P_2)$ $f(P_3)$ 共线（见图 4-4）。

一个自然的问题：平面 π 上的全体仿射变换是否构成变换群？因为仿射变换的复合也是仿射变换，变换群的条件②已成立，只用再检查条件①。即考查一个仿射变换 f 的逆映射 f^{-1} 是不是把共线点组变为共线点组。下面的命题回答了这个问题。

命题 4-2：在仿射变换下，不共线三点的像也不共线。

证明：设 f 是仿射变换，A, B, C 三点不共线。用反证法，假如 $f(A) f(B) f(C)$ 共线，它们在直线 l 上，则 A，B 决定的直线 l_1 上的每一点的像都在 l 上，A，C 决定的直线 l_2 上的每一点的像也都在 l 上。又设点 P 不在 $l_1 \cup l_2$ 上，则过 P 可作一条直线 l'，它与 l_1, l_2 交于不同的点 D_1, D_2，则 $f(P)$，$f(D_1)$ $f(D_2)$ 共线，而 $f(D_1)$ $f(D_2)$ 都在 l 上，从而 $f(P)$ 也在 l 上。于是，π 上任何一点的像都在 l 上，即 $f(\pi) \subset l$，这与 l 是可逆变换矛盾。这个矛盾说明 $f(A) f(B) f(C)$ 共线。

设仿射变换 f 的逆 f^{-1} 把共线的三点 A', B', C' 变为 A, B, C 即

$$f(A') = A, \qquad f(B') = B, \qquad f(C') = C$$

命题 4-2：说明 A, B, C 一定共线。从而 f^1 也是仿射变换。这样，平面 π 上的全体仿射变换的确构成 π 上的变换群，称仿射变换群。

推论：仿射变换把直线变为直线，并保持直线的平行性。

证明：设 l 是两个不同点 A, B 决定的一条直线，仿射变换 f 把 A, B 分别变为 A', B'，它们决定直线 l'，则 l 上的每一点 P 与 A, B 共线，从而 $f(P)$ 与 A', B' 共线，

即在 l' 上，于是 $f(l) \subset l'$。根据命题，若 $Q \notin l$，则 $f(Q)$ 与 A',B' 不共线，即 $f(Q)$ 不在 l' 上。于是 $f^{-1}(l') \subset l$。因为 f 是满的，必有 $f(l) \subset l'$。

当直线 $l_1 /\!/ l_2$ 时，$l_1 \cap l_2 = \varnothing$，即 $f(l_1) \cap f(l_2) = \varnothing$ 时，$f(l_1) /\!/ f(l_2)$。当 l_1, l_2 相交于 D 点时，$f(D)$ 是 $f(l_1), f(l_2)$ 的交点。

第二节　仿射变换基本定理

本节我们将对仿射变换做进一步讨论。主要结果是仿射变换基本定理，从它可推出其他许多性质。基本定理也是仿射变换的许多应用的基础。本节的难点和关键是仿射变换决定的向量变换的线性性质。[①]

一、仿射变换决定的向量变换

设 $f: \pi \to \pi$ 是平面 π 上的一个仿射变换。

设 α 是平行于 π 的一个向量，则可在 π 上找到点 A,B 使得 $\overrightarrow{AB} = \alpha$，由它们的 f 像 $f(A), f(B)$，得到向量 $\overrightarrow{f(A)f(B)}$，$A,B$ 不是唯一决定的，如果 $C,D \in \pi$ 也使得 $\overrightarrow{CD} = \alpha$，不妨设 C,D 与 A,B 不在同一直线上，则有平行四边形 $ABCD$，得

$$\overrightarrow{f(A)f(B)} /\!/ \overrightarrow{f(C)f(D)} \text{ 和 } \overrightarrow{f(A)f(C)} /\!/ \overrightarrow{f(B)f(D)}$$

即有平行四边形 $f(A)f(B)f(C)f(D)$。于是向量 $\overrightarrow{f(A)f(B)} = \overrightarrow{f(C)f(D)}$。

于是我们可作出以下定义：

设 f 是平面 π 上的仿射变换，则对于任何平行于 π 的向量 α，规定 $f(\alpha) = \overrightarrow{f(A)f(B)}$，这里 A,B 是 π 上的点，使得

$$\overrightarrow{AB} = \alpha$$

这样，就得到全体平行于 π 的向量集合上的一个变换（它也是可逆变换），称它为 f 决定的向量变换，仍记作 f。

---

① 张彪，邹哲，陈书界，沈会良，邵思杰，忻浩忠.基于仿射变换与 Levenberg-Marquardt 算法的织物图像配准 [J].光学学报，2017，37（01）：359-367.

从定义容易看出：

$$\alpha = 0 \Leftrightarrow f(\alpha) = 0$$

仿射变换决定的向量变换具有线性性质，即

（1）$\forall$ 向量 α, β

$$f(\alpha \pm \beta) = f(\alpha) \pm f(\beta) \quad （4\text{--}1）$$

（2）$\forall$ 向量 α，$\forall \lambda \in R$

$$f(\lambda \alpha) = \lambda f(\alpha) \quad （4\text{--}2）$$

证明（1）取 π 上点 A, B, C，使得 $\overrightarrow{AB} = \alpha$，$\overrightarrow{BC} = \beta$，则 $\overrightarrow{AC} = \alpha + \beta$。按照定义，

$$f(\alpha) = \overrightarrow{f(A)f(B)}, \quad f(\beta) = \overrightarrow{f(B)f(C)}$$

$$f(\alpha + \beta) = \overrightarrow{f(A)f(B)} + \overrightarrow{f(B)f(C)} = f(\alpha) + f(\beta)$$

$$f(\alpha) = f\big((\alpha - \beta) + \beta\big) = f(\alpha - \beta) + f(\beta)$$

移项得 $f(\alpha - \beta) = f(\alpha) - f(\beta)$

（2）当 $\alpha = 0$ 时，（4--2）两边都是 0，一定成立。下面设 $\alpha \neq 0$。
如果 λ 是自然数，则可用（1）：

$$f(\lambda \alpha) = f(\overbrace{\alpha + \alpha + \cdots + \alpha}^{\lambda \uparrow}) = \overbrace{f(\alpha) + f(\alpha) + \cdots + f(\alpha)}^{\lambda} = \lambda f(\alpha)$$

如果 λ 是正有理数，并设 $\lambda = n/m$，这里 n, m 都是自然数，则
利用对自然数已证的结果，

$$mf(\lambda \alpha) = f(m \lambda \alpha) = f(n \alpha) = n f(\alpha)$$

于是

$$f(\lambda \alpha) = \frac{n}{m} f(\alpha) = \lambda f(\alpha)$$

如果 λ 是负有理数，$\lambda = -n/m$，则

$$f(\lambda\alpha) = -f(-\lambda\alpha) = \lambda f(\alpha)$$

再由

$$f(\lambda\alpha) + f(-\lambda\alpha) = f((\lambda - \lambda)\alpha) = f(0) = 0$$

得 $f(\lambda\alpha) = -f(-\lambda\alpha) = \lambda f(\alpha)$

至此，当 λ 为有理数时，我们已证明等式 $f(\lambda\alpha) = \lambda f(\alpha)$ 是成立的。困难在于（4-2）对于 λ 是无理数的情况，下面用对有理数（4-2）成立和有理数的稠密性来证明它。先做一些准备。

对任何实数 λ 和 $\alpha \neq 0$，作 $\overrightarrow{AB} = \alpha$，$\overrightarrow{AC} = \lambda\alpha$。因为 $\lambda\alpha \text{//} \alpha$，所以 A, B, C 共线，从而 $f(A), f(B), f(C)$ 共线，于是

$$f(\lambda\alpha) = \overline{f(A)f(C)} \text{//} \overline{f(A)f(B)} = f(\alpha)$$

又因为 $\alpha \neq 0$，所以有唯一实数 μ，使得 $f(\lambda\alpha) = \lambda f(\alpha)$，这里 μ 是被 λ 和 α 所确定的。我们所要证的是：对一切 $\alpha \neq 0$ 和任何 λ，都有 $\lambda = \mu$。

引理：（1）如果对 $\alpha \neq 0$ 和实数 λ，$f(\lambda\alpha) = \mu f(\alpha)$，则对任何非零向量 β，都有 $f(\lambda\beta) = \mu f(\beta)$（即 μ 与向量 β 无关）；

（2）对任何 $\alpha \neq 0$，如果 $\lambda > 0$，则 $\mu > 0$。

证明：（1）如果 β 与 α 不共线，作 $\overrightarrow{AB} = \alpha, \overrightarrow{AC} = \beta \ \overrightarrow{AD} = \lambda\alpha, \overrightarrow{AE} = \lambda\beta$，则 $\overrightarrow{BC} \text{//} \overrightarrow{DE}$。设 A', B', C', D', E' 依次是 A, B, C, D, E 五点在 f 下的像点，则 $\overrightarrow{B'C'} \text{//} \overrightarrow{D'E'}$，从而用相似三角形的理论得出

$$(A', B', D') = (A', C', E')$$

于是

$$\frac{f(\lambda\beta)}{f(\beta)} = \frac{\overrightarrow{A'E'}}{\overrightarrow{A'C'}} = \frac{\overrightarrow{A'D'}}{\overrightarrow{A'B'}} = \frac{f(\lambda\alpha)}{f(\alpha)} = \mu$$

即 $f(\lambda\beta) = \mu f(\beta)$。

如果 β 与 α 共线，先对一个与 α 不共线的向量 γ 用上法证明 $f(\lambda\lambda) = \mu f(\lambda)$，再证明（此时 β 与 γ 不共线）$f(\lambda\beta) = \mu f(\beta)$。

（2）设 $\lambda > 0$，假设 $f(\sqrt{\lambda}\alpha) = \nu f(\alpha)$，则用（1）的结果可得。

$$f(\lambda\alpha)=f\left(\sqrt{\lambda}\left(\sqrt{\lambda}\alpha\right)\right)=vf\sqrt{\lambda}\alpha=v^2 f(\alpha)，$$

即 $\mu'=v^2>0$

现在对无理数 A 证明（4-2）成立。用反证法。如果

$$f(\lambda\alpha)=\mu f(\alpha)，\ \mu\neq\lambda$$

不妨设 $\mu>\lambda$（$\lambda>\mu$ 时论证类似，请读者自己完成），由有理数的稠密性，在开区间（μ,λ）中一定有有理数心，则

$$f((q-\lambda)\alpha)=f((q\alpha-\lambda\alpha))=f(q\alpha)-f(\lambda\alpha)=qf(\alpha)-\mu f(\alpha)=(q-\mu)f(\alpha)$$

这里 $q-\lambda>0$，而 $q-\mu$，$1>0$，与引理矛盾。

至此，定理的证明全部完成。

推论仿射变换保持共线三点的简单比。

证明 A,B,C 共线，（A,B,C）$=\lambda$，于是 $\overrightarrow{AB}=\lambda\overrightarrow{AB}$，设 f 是仿射变换，则

定理和推论表明在一个仿射变换下，各点的变化情况相互之间是有很大的牵制关系的。于是少数点的变化可决定其他点的变化。例如，当 A 变为 A'，B 变为 B' 时，不仅 AB 直线变为 $A'B'$ 片直线，并且线上点的顺序关系、位置关系都保持不变。线段 AB 变为线段 $A'B'$，AB 的中点变为线段 $A'B'$ 的中点，又如 $\triangle ABC$ 变为 $\triangle f(A)f(B)f(C)$，内部变内部，各边变为对应边，且各边中点变为对应边中点，$\triangle ABC$ 的重心变为 $\triangle f(A)f(B)f(C)$ 的重心等等。

二、仿射变换基本定理

从仿射变换导出的向量变换的线性性质，容易得到仿射变换的基本定理。这个定理反映了仿射变换的本质特点。

仿射变换基本定理

设 π 是一张平面。

（1）如果 $f:\ \pi\to\pi$ 是仿射变换，$I=[O;e_1,e_2]$ 是 π 上的一个仿射坐标系，则 $I'=\big[f[O];f[e_1],f[e_2]\big]$ 也是 π 的仿射坐标系，并且 $\forall P\in\pi$，P 在 I 中的坐标和 $f(P)$ 在 I' 中的坐标相同；

（2）任取 π 上两个仿射坐标系 $I=\{O;\ e_1,e_2\}$ 和 $I'=\Big[O';e_1',e_2'\Big]$，规定 $f:\ \pi\to\pi$ 如下：$\forall P\in\pi$，设 P 在 I 中的坐标是（x,y），令 $f(P)$ 是在 I' 中坐标为（x,y）的点，则 f 是仿射变换。

证明：（1）e_1 与 e_2 不共线，则用命题和向量变换的定义得出 $f(e_1)$ 与 $f(e_2)$ 不共线，从而 $[f[O];f[e_1],f[e_2]]$ 为仿射坐标系。

设 P 在 I 中的坐标为 (x,y)，则 $\overrightarrow{OP}=xe_1+ye_2$，用定理有

$$\overrightarrow{f(O)f(P)}=xf(e_1)+yf(e_2)$$

即 $f(P)$ 在 I' 中的坐标也是 (x,y)。

（2）由于在给定坐标系后，点到它的坐标这种对应给出了平面到全体二元有序组集合的一一对应关系，所以规定的变换 f 是可逆变换。又因为点组的共线性可由它们的坐标（不论是哪个坐标系中的坐标）决定，所以 f 是保持点组的共线性的。按定义，f 是仿射变换。

仿射变换基本定理的基本性在于从它可以推出仿射变换的其他性质，它也是仿射变换应用的基础。

在理解基本定理的丰富内涵时请注意下面两点：

（1）基本定理表明了仿射变换的局部决定整体的特征。定理指出，对 π 上任意两个仿射坐标系 I 和 I'，存在唯一仿射变换把 I 变为 I'。基本定理中（2）说明了存在性，（1）说明了唯一性，即（2）中所规定的仿射变换 F 是把 I 变为 I' 的唯一变换。

这个断言也可叙述为：对于平面 π 上两个不共线点组 A,B,C 和 A',B',C'，存在唯一仿射变换把 A 变为 A'，B 变为 B'，C 变为 C'。现在我们可以说：任何三角形都可以看作正三角形在仿射变换下的像。

（2）定理中对把 I 变为 I' 的仿射变换给出了用坐标表达的具体形式，这就是用坐标法研究仿射变换的基础。

下面的内容都是仿射变换基本定理的应用。

三、关于等距变换

如果平面 π 上两个三角形 $\triangle ABC$ 和 $\triangle A'B'C'$ 全等，则把 $\triangle ABC$ 变为 $\triangle A'B'C'$（每个顶点变为对应顶点）的仿射变换是等距变换。

证明：应用基本定理中"唯一性"部分，只用说明存在等距变换把 $\triangle ABC$ 对应地变为 $\triangle A'B'C'$。

先作平移 p 把 A 变到 A'，再以 A' 为中心，作旋转 r 把 $p(B)$ 变为 B'（因为

$d\left(A', p(B)\right) = d\left(p(A), p(B)\right) = d(A,B) = d\left(A', B'\right)$ ），所以这样的 r 存在）。此时

$$\triangle A'B'r(p(C)) \cong A'B'C'$$

于是，或者 $r\left(p(C)\right) = C'$、或者 $r(p(C))$ 与 C' 关于直线 $A'B'$ 对称。对于第一种情形，复合变换 $r \circ p$ 把 $\triangle ABC$ 变为 $\triangle A'B'C'$；对于第二种情形，再规定 η 是以直线 $A'B'$ 为轴的反射，则 $\eta \circ r \circ p$ 把 $\triangle ABC$ 变为 $\triangle A'B'C'$。于是把 $\triangle ABC$ 变为 $\triangle A'B'C'$ 的仿射变换或为 $r \cdot p$，或为 $\eta \circ r \circ p$，它总是等距变换。

推论：任何等距变换都可分解为平移、旋转及反射的复合。

四、二次曲线在仿射变换下的像

设曲线 Γ 在某个仿射坐标系 I 中有方程 $F(x,y)=0$，在某个仿射变换 f 下，Γ 的像为 $f(\Gamma)$，则 $f(\Gamma)$ 在坐标系 $I' = f(I)$ 中有方程 $F(x,y)=0$。反之，如果两条曲线 Γ 和 Γ' 分别在仿射坐标系 I 和 $'$ 中的方程都是 $F(x,y)=0$，则把 I 变为 I' 的仿射变换为把 Γ 变为 Γ'。

把这些结果用到二次曲线上，我们有平面 π 上两条二次曲线 Γ 和 Γ'（不是空集）是同类二次曲线的充分必要条件是存在仿射变换 f，使得

$$f(\Gamma) = \Gamma'$$

证明：充分性。

设 Γ 在 I 中有方程 $F(x,y)=0$，则 Γ' 在 $I' = f(I)$ 中的方程也为 $F(x,y)=0$。由于二次曲线的方程决定它的类型，所以 Γ 与 Γ' 一定是同类的。

必要性。

对每条二次曲线（不是空集）都可以找到一个仿射坐标系，使得它有以下 7 种形式之一的方程：

$$x^2 + y^2 = 1$$

$$x^2 + y^2 = 0$$

$$x^2 - y^2 = 1$$

$$x^2 - y^2 = 0$$

$$x^2 = y$$

$$x^2 = 1$$

$$x^2 = 0$$

并且不同的形式代表了不同的类型。于是当 Γ 与 Γ' 同类时，它们可在不同坐标系中有相同的方程，从而存在仿射变换把 Γ 变为 Γ'。

由于二次曲线的方程还决定（或可求出）其仿射特征，当仿射变换 f 把二次曲线 Γ 变为 Γ' 时，有

（1）Γ 的对称中心（若存在）的 f 像是 Γ' 的对称中心；

（2）若 u 代表了 Γ 的渐近方向，则 $f(u)$ 代表了 Γ' 的渐近方向；

（3）若 l 是 Γ 的切线，则 $f(l)$ 是 Γ' 的切线；

（4）若 u 不代表 Γ 的渐近方向，l 是 u 关于 Γ 的共扼直径，则 $f(l)$ 是 $f(u)$ 关于 Γ' 的共扼直径；

（5）若 u_1, u_2 关于 Γ 共轭，则 $f(u_1), f(u_2)$ 关于 Γ' 共轭。

五、仿射变换的变积系数

下面讨论在仿射变换下图形面积的变化规律。仿射变换会改变线段的长度（除非它是等距变换），从而会改变图形的面积。线段长度的变化情况与它的方向有关（除非它是相似变换），而图形面积的变化是受到各方面长度变化的影响的，我们要证明：

在同一仿射变换 $f: \pi \to \pi$ 下，π 上不同的图形（可计面积的）面积的变化率相同，即存在由变换 f 决定的常数 σ，使得任一图形 S 的像 $f(S)$ 的面积是 S 面积的 σ 倍。

这个常数 σ 称为 f 的变积系数。

对于一些特殊的仿射变换，例如当 f 是平移、旋转或反射时，$f(S)$ 与 S 全等，从而等距变换作为这些变换的复合，也不改变面积。

相似比为 k 的相似变换 f 的 $\sigma = k^2$；压缩系数为 k 的正压缩 f 的 $\sigma = k$。

对于一般的仿射变换，我们来说明它总是可分解为上面这些特殊变换的复合，

从而完成该命题的证明。

引理 1

如果仿射变换 $h: \pi \to \pi$ 把某一个圆周 S^1 变为等半径的圆周，则 f 是等距变换。

证明： $\forall A, B \in \pi$ ，可在 S^1 上找到一点 C ，使得 $\overrightarrow{AB} /\!/ \overrightarrow{OC}$ （ O 是圆心），设 $\overrightarrow{AB} = t\overrightarrow{OC}$ 。 $\overrightarrow{f(A)f(B)} = t\overrightarrow{f(O)f(C)}$

于是

$$d\big(f(A), f(B)\big) = |t| d\big(f(O), f(C)\big) = |td(O, C)| = d(A, B)$$

因此 f 是等距变换。

引理 2

每个仿射变换都可分解为一个等距变换和两个正压缩的乘积。

证明：设 $f: \pi \to \pi$ 是一个仿射变换，取 π 上的一个单位圆周 S^1 ，则 $f(S^1)$ 是一个椭圆，设其长短半轴分别为 a 和 b 。作正压缩 ξ_1 和 ξ_2 ，它们分别以短轴和长轴为压缩轴，以 a 和 b 为压缩系数，则 $(\xi_1)^{-1}$ 和 $(\xi_2)^{-1} \circ f(S^1)$ 是一个单位圆周。根据引理 1，

$$h = (\xi_1)^{-1} \circ (\xi_2)^{-1} \circ f$$

是一个等距变换，于是得到 f 的分解式： $f = \xi_2 \circ \xi_1 \circ h$ 。

命题证明：设 f 是一个仿射变换， $f = \xi_2 \circ \xi_1 \circ h$ 是引理 2 中所说的分解式。对一个图形 Σ 以表示其面积，则

$$M\big(f(\Sigma)\big) = M\big(\xi_2 \circ \xi_1 \circ h(\Sigma)\big) = bM\big(\xi_1 \circ h(\Sigma)\big) = abM\big(h(\Sigma)\big) = abM\Sigma$$

其中是与 Σ ab 无关的常数，以即命题中的常数。

第三节　仿射变换的坐标法研究

一、仿射变换的变换公式研究

设 $f: \pi \to \pi$ 是一个仿射变换。

取定 π 上的一个仿射坐标系 $I = \{O; e_1, e_2\}$，首先分析一个点 P 的坐标与像点的坐标的关系。

记 $I' = \{f(O); f(e_1), f(e_2)\}$，设 P 在 I 中的坐标为 (x, y)，则由基本定理知道，$f(P)$ 在 I' 中的坐标也是 (x, y)。于是可通过坐标变换公式来求 $f(P)$ 在 I 中的坐标。记 I 到 I' 的过渡矩阵为

$$A = \begin{bmatrix} a_{11} & a_{12} \\ a_{21} & a_{22} \end{bmatrix}$$

$f(O)$ 在 I 中的坐标为 (b_1, b_2)，则 $f(P)$ 在 I 中的坐标 (x', y') 为

$$\begin{cases} x' = a_{11}x + a_{12}y + b_1 \\ y' = a_{21}x + a_{22}y + b_2 \end{cases} \quad （4-3）$$

称此公式为仿射变换 f 在坐标系 I 中的点（坐标的）变换公式，称矩阵 A 为 f 在坐标系 I 中的变换矩阵。

仿射变换的点变换公式形式上和点的坐标变换公式完全相同，但意义不同，它是用点的坐标（出现在右边）求像点的坐标（出现在左边）的关系式。

类似可得仿射变换在坐标系 I 中的向量（坐标的）变换公式：

$$\begin{cases} x' = a_{11}x + a_{12}y \\ y' = a_{21}x + a_{22}y \end{cases} \quad （4-4）$$

公式（4-4）也可用矩阵乘积形式给出

$$\begin{bmatrix} x' \\ y' \end{bmatrix} = \begin{bmatrix} a_{11} & a_{12} \\ a_{21} & a_{22} \end{bmatrix} \begin{bmatrix} x \\ y \end{bmatrix}$$

其中 (x, y) 是一个向量 α 在 I 中的坐标，(x', y') 是 $f(a)$ 的坐标。

设一条曲线 Γ 在 O 中的方程为 $F(x, y) = 0$，求其像 $f(\Gamma)$ 的方程的方法为：从公式（4-3）反解出 x, y 用 x', y' 表示的函数式，代入 $F(x,y)=0$ 就得到 $f(\Gamma)$ 的方程。掌握在仿射变换下图形方程的变化规律与在坐标变换下图形方程的变化规律的不同处，并理解其内在联系，在应用中不要混淆。

二、变换矩阵的基本性质

在变换公式（4-3）和（4-4）中，变换矩阵 $A = \begin{bmatrix} a_{11} & a_{12} \\ a_{21} & a_{22} \end{bmatrix}$ 是关键因素，其重要性质主要是回答以下两个问题：

问题 1：已知两个仿射变换在仿射坐标系 I 中的变换矩阵，怎么求它们的乘

积的变换矩阵？

问题2：已知仿射变换 f 在一个仿射坐标系中的变换矩阵，怎么求 f 在其他仿射坐标系中的变换矩阵？

根据定义，在仿射坐标系 I 中仿射变换 f 的变换矩阵也就是 I 到 $f(I)$ 的过渡矩阵，因此它的两个列向量分别为 I 的坐标向量 e_1, e_2 的像 $f(e_1), f(e_2)$ 在 I 中的坐标。

引理：设 I_1 和 I_2 是平面 π 上的两个仿射坐标系，它们分别被仿射变换 f 变为 I_1' 和 I_2'，则 I_1 到 I_2 的过渡矩阵与 I_1' 到 I_2' 的过渡矩阵相同。

证明：设 I_1 到 I_2 的过渡矩阵为

$$A = \begin{bmatrix} a_{11} & a_{12} \\ a_{21} & a_{22} \end{bmatrix}$$

I_2 的坐标向量为 e_1, e_2，则 (a_{1i}, a_{2i}) 是 e_i 在 I_1 中的坐标，根据基本定理，I_2' 的坐标向量 $f(e_i)$ 在 $I_1' = f(I_1)$ 中的坐标也是 (a_{1i}, a_{2i})，$i = 1, 2, \ldots$。于是 A 也就是 I_1' 到 I_2' 的过渡矩阵。

推论：仿射变换 f 把坐标系 I 变为 I'，则 f 在 I' 中的变换矩阵就是 f 在 I 中的变换矩阵。

证明：让引理中的 $I_1 = I, I_2 = I' = f(I)$，此时 $I_1' = I', I_2' = f(I')$。

于是 I_1 到 I_2 的过渡矩阵即 f 在 I 中的变换矩阵，I_1' 到 I_2' 的过渡矩阵即 f 在 I' 中的变换矩阵。由引理，得这两个变换矩阵相等。

命题1：如果仿射变换在仿射坐标系 I 中的变换矩阵分别为 A 和 B，则它们的乘积 $g \circ f$ 在 I 中的变换矩阵为 BA。

证明：如图 4-5[①] 所示为 $I, f(I), g(I)$ 和 $g(f(I))$ 这 4 个坐标系，箭头旁标出的是相应的过渡矩阵，下行 $g(I)$ 到 $g(f(I))$ 的过渡矩阵和上行 I 到 $g(f(I))$ 的过渡矩阵都是 A，这是应用引理（对变换 g）得到的。$g \circ f$ 在 I 中的变换矩阵即坐标系 I 到 $g(f(I))$ 的过渡矩阵，它就是 BA。

---

①　该图引自尤承业. 解析几何 [M]. 北京：北京大学出版社，2004.

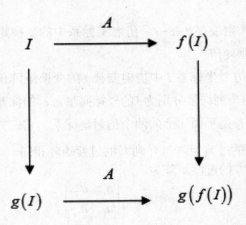

图 4–5 坐标系示意图

以下为对该命题的另两种途径：

（1）从定义来看，设 $g \circ f$ 在 I 中的矩阵为 C，则 C 的第 1 列即 I 的坐标向量 e_1 的像 $g(f(e_1))$ 在 I 中的坐标，用公式（4-4），$f(e_1)$ 在 I 中的坐标为 $A\begin{bmatrix}1\\0\end{bmatrix}$，因此 $g(f(e_1))$ 在 I 中的坐标为 $BA\begin{bmatrix}1\\0\end{bmatrix}$，类似地，$C$ 的第 2 列为 $BA\begin{bmatrix}0\\1\end{bmatrix}$，于是

$$C = \left[BA\begin{bmatrix}1\\0\end{bmatrix}, BA\begin{bmatrix}0\\1\end{bmatrix} \right] = BA\begin{bmatrix}1&0\\0&1\end{bmatrix} = BA$$

（2）也可从（4-4）式来看，对向量 $u(x,y)$，$g(f(u))$ 的坐标为 $C\begin{bmatrix}x\\y\end{bmatrix}$，而 $f(u)$ 的坐标为 $A\begin{bmatrix}x\\y\end{bmatrix}$，从而 $g(f(u))$ 的坐标应为 $BA\begin{bmatrix}x\\y\end{bmatrix}$。于是对任何 $u(x,y)$，

$C\begin{bmatrix}x\\y\end{bmatrix} = BA\begin{bmatrix}x\\y\end{bmatrix}$，从而 $C=AB$。

推论：如果仿射变换 f 在仿射坐标系 I 中的变换矩阵为 A，则它的逆变换 f^1 在 I 中的变换矩阵为 A^{-1}。

证明：设 f^1 的变换矩阵为 B，则 BA 是 $f^1 \cdot f = id$ 的变换矩阵。从定义看，id 的变换矩阵应为单位矩阵，即 $BA=E, B=A^{-1}$。

命题2：设仿射变换 f 在仿射坐标系 I 中的变换矩阵为 A，I 到仿射坐标系 I' 的过渡矩阵为 H，则在 f 中的变换矩阵为 $H^{-1}AH$。

证明：f 在 I' 中的变换矩阵就是 I' 到 $f(I')$ 的过渡矩阵。利用过渡矩阵的性质，从下面的过渡矩阵序列

$$I' \xrightarrow{\ H^{-1}\ } I \xrightarrow{\ A\ } f(I) \xrightarrow{\ H\ } f(I')$$

即可得出结论。

线性代数中称矩阵 A 和 $H^{-1}AH$ 为相似关系，因此命题2也就是说，同一个仿射变换在不同坐标系中的变换矩阵相似，并且可用这两个坐标系间的过渡矩阵实现这个相似关系。

推论：一个仿射变换 I 在不同坐标系中的变换矩阵的行列式相等。

仿射变换的变换矩阵的行列式是具有很强几何意义的一个数量。

设在一个仿射坐标系 $I=\{O;\ e_1, e_2\}$ 中，仿射变换 I 的变换矩阵为

$$A = \begin{bmatrix} a_{11} & a_{12} \\ a_{21} & a_{22} \end{bmatrix}$$

则

$$f(e_1) \times f(e_2) = (a_{11}e_1 + a_{21}e_2) \times (a_{12}e_1 + a_{22}e_2)$$
$$= (a_{11}a_{22} - a_{12}a_{21})e_1 \times e_2 = |A| e_1 \times e_2$$

于是 $|A|$ 的正负性反映了 I 和 $f(I)$ 的定向关系。如果 $|A| > 0$，I 和 $f(I)$ 定向相同，此时称 f 是第一类仿射变换；如果 $|A| < 0$，则 I 和 $f(I)$ 定向不同，此时称 f 是第二类仿射变换。

$|e_1 \times e_2|$ 和 $|f(e_1) \times f(e_2)|$ 分别是 I 和 $f(I)$ 的两个坐标向量所夹平行四边形 Σ 和 Σ' 的面积。显然，$\Sigma' = f(\Sigma)$，于是 f 的变积系数

$$\sigma = \frac{|f(e_1) \times f(e_2)|}{|e_1 \times e_2|} = \|A\|$$

即有命题3：仿射变换的变积系数等于它的变换矩阵的行列式的绝对值。

三、仿射变换的不动点与特征向量

设 $f: \pi \to \pi$ 是一个仿射变换，点 $P \in \pi$，如果 p 在 f 下不动，即 $f(P) = P$，就称 P 为 f 的一个不动点。如果非零向量 u 与 $f(u)$ 平行，则称 u 为 f 的一个特

征向置；此时有唯一实数 λ，使得 $f(u)=\lambda u$，称 λ 为 u 的特征值。不动点和特征向量都是应用中常见的概念。以下用坐标法对它们做计算和讨论。

设 f 在仿射坐标系 I 中的点变换公式如（4-3），变换矩阵为

$$A = \begin{bmatrix} a_{11} & a_{12} \\ a_{21} & a_{22} \end{bmatrix}$$

（一）特征向量和特征值

设非零向量 u 在 I 中的坐标为 (x_0, y_0)，则 u 是 f 的特征向量，并以 λ 为特征值，就是有等式 $\begin{cases} a_{11}x_0 + a_{12}y_0 = \lambda x_0 \\ a_{21}x_0 + a_{22}y_0 = \lambda y_0 \end{cases}$，即 (x_0, y_0) 是齐次线性方程组 $\begin{cases} (a_{11} - \lambda)x + a_{12}y = 0 \\ a_{21}x + (a_{22} - \lambda)y = 0 \end{cases}$

的非零解，因此 λ 满足 $\begin{vmatrix} a_{11} - \lambda & a_{12} \\ a_{21} & a_{22} - \lambda \end{vmatrix} = 0$。

于是可先求出特征值 λ，这样就得到求特征向量和特征值的如下步骤：

步骤 1：先求特征值，即求下面的二次方程（称为特征方程）的解。

$$\lambda^2 - (a_{11} + a_{22})\lambda + |A| = 0 \quad （4-5）$$

此方程的判别式为

$$\Delta = (a_{11} + a_{22})^2 - 4|A|$$

当 f 是第二类仿射变换时，显然，$\Delta > 0$，因此一定有两个不相等的特征值（它们的乘积为 $|A|$），对于 f 是第一类仿射变换的情形，特征值最多有两个（当 $\Delta > 0$ 时，这两个特征值的乘积为 $|A|$），也可能没有（当 $\Delta < 0$ 时）或只有一个（当 $\Delta = 0$ 时，这个特征值为 $\frac{a_{11} + a_{22}}{2}$）[①]。

步骤 2：求特征向量，对求出的每个特征值 λ，齐次线性方程组

$$\begin{cases} (a_{11} - \lambda)x + a_{12}y = 0 \\ a_{21}x + (a_{22} - \lambda)y = 0 \end{cases} \quad （4-6）$$

的非零解就是以 A 为特征值的特征向量。

---

① 张玉珍，苏洪雨．一道高中解析几何题的说题设计探究 [J].数学通报，2017，56（6）：50-53.

（二）不动点方程

f 的不动点在 f 中的坐标是方程组

$$\begin{cases} (a_{11}-1)x + a_{12}y + b_1 = 0 \\ a_{21}x + (a_{22}-1)y + b = 0 \end{cases} \quad (4-7)$$

的解。于是当行列式 $\begin{vmatrix} a_{11}-1 & a_{12} \\ a_{21} & a_{22}-1 \end{vmatrix}$ 的值不为 O 时（即 1 不是 f 的特征值），

f 有一个不动点，否则或者 f 无不动点（（4-7）的两个方程矛盾，从而无解），或者 f 有无穷多个不动点（（4-7）的两个方程同解）。有无穷多不动点又分两种情形：$f=id$，则每一点都是不动点；或（4-7）的两个方程是同解的一次方程，即 f 的不动点构成一条直线，就是这个一次方程的图象。

四、等距变换的变换公式解析

设 $f:\ \pi \to \pi$ 是一个等距变换，取 $,I=\{O;\ e_1,\ e_2\}$ 为右手直角坐标系，则 $I' = f(I)$ 也是直角坐标系。于是 f 在 I 中的变换矩阵 A 是直角坐标系 I 到 I' 的过渡矩阵，从而是正交矩阵。下面对 f 分两种情形讨论。

情形 1：f 是第一类等距变换，则 $|A|=1$。于是 A 有如下形式：

$$A = \begin{bmatrix} \cos\theta & -\sin\theta \\ \sin\theta & \cos\theta \end{bmatrix} (0 \le \theta \le 2\pi)$$

如果 $\theta=0$，则 $A=\begin{bmatrix} 1 & 0 \\ 0 & 1 \end{bmatrix}$，$f$ 的点变换公式为

$$\begin{cases} x' = x + b_1 \\ y' = y + b_2 \end{cases}$$

此时 f 是一个平移，平移量为 u（b_1+b_2）。

如果 $0 \le \theta \le 2\pi$，则

$$\begin{vmatrix} \cos\theta-1 & -\sin\theta \\ \sin\theta & \cos\theta-1 \end{vmatrix} = (\cos\theta-1)^2 + \sin^2\theta > 0$$

f 有一个不动点 M_0，在直角坐标系 $I'=[M_0;\ e_1,e_2]$ 中，f 的点变换公式为

$$\begin{cases} x' = \cos\theta x - \sin\theta y \\ y' = \sin\theta x + \cos\theta y \end{cases}$$

f 是绕 M_0 的旋转，θ 就是转角。

总结以上结果，得到命题 4：平面上第一类等距变换或是旋转，或是平移。

情形 2：f 是第二类等距变换，则 $|A|=-1$，此时 f 有两个不相等的特征值，它们的乘积为 -1，设 λ 是 f 的特征值，e 是一个相应的特征向量，即有 $f(e)=\lambda e$。因为 f 是等距变换，e 和 $f(e)$ 长度相等，而 $|f(e)|=|\lambda e|=|\lambda||e|$，所以 $|\lambda|=1$。这样 f 的特征值为 1 和 -1。

取直角坐标系 I，使坐标向量 e_1 是特征值为 1 的特征向量，则 $f(e_1)$ 在 I 中坐标为（10），于是 f 在 I 中的变换矩阵为

$$A=\begin{bmatrix} 1 & a_{12} \\ 0 & a_{22} \end{bmatrix}$$

又因为 A 是正交矩阵，所以 $a_{12}=0, a_{22}=-1$（因为 $|A|=-1$）。于是 f 在 I 中的点变换公式为

$$\begin{cases} x'=x+b_1 \\ y'=-y+b_2 \end{cases}$$

当 $b_1=0$ 时，变换公式为

$$\begin{cases} x'=x \\ y'=-y+b_2 \end{cases}$$

f 是关于直线 $y=\dfrac{b_2}{2}$ 的反射和像点 (x,b_2-y) 关于 $y=\dfrac{b_2}{2}$ 对称。

当 $b_1\neq 0$ 时，f 是上述反射与平移量为 b_1e_1 的一个平移的复合，与反射轴 $y=\dfrac{b_2}{2}$ 平行，因此 f 是滑反射。

因而以证明命题 5：第二类等距变换或是反射，或是滑反射。

命题 4 和 5 说明等距变换只有平移、旋转、反射和滑反射，共 4 类。

第四节　图形的仿射分类与仿射性质

仿射变换不仅是研究图形的仿射性质的得力工具，它还使人们在理论上加深了对图形的几何性质的认识，也提高了对几何学科的认识，从而推动了几何学研究的发展，本节将作一些理论上的概括。

一、平面上的几何图形的仿射分类与度量分类

设 Γ 和 Γ' 是平面 π 上的两个几何图形，如果存在一个仿射变换 $f:\pi\to\pi$，

使得

$$f(\Gamma) = \Gamma'$$

则称 Γ 和 Γ' 是仿射等价的；如果存在一个等距变换 $f: \pi \rightarrow \pi$，使得

$$f(\Gamma) = \Gamma'$$

则称 Γ 和 Γ' 是度量等价的。

度量等价也就是几何图形全等，两个图形度量等价，则它们也一定仿射等价，反过来，仿射等价不一定度量等价。

例如任何两个三角形都是仿射等价的，但只当它们全等时才度量等价，又如任何两条线段都是仿射等价的，但只当它们等长时才度量等价。

同一个方程在不同仿射坐标系中的图形是仿射等价的，事实上，如果 Γ 和 Γ' 分别是同一个方程在仿射坐标系 I 和 I' 的图形，则把 I 变为 I' 的仿射变换 f 满足

$$f(\Gamma) = \Gamma'$$

类似地，同一个方程在不同直角坐标系中的图形是度量等价的。

仿射等价和度量等价都是平面上的几何图形的集合中的一个"等价关系"，即它满足下列三个性质（可以利用全体仿射（保距）变换构成变换群，以及群的性质来进行验证，请读者自己完成）：

（1）自反性。即任何图形和自己仿射（度量）等价。

（2）对称性。即如果图形 Γ 和 Γ' 仿射（度量）等价，则 Γ 和 Γ' 也仿射（度量）等价。

（3）传递性。即如果 Γ 和 Γ' 仿射（度量）等价，Γ' 和 Γ'' 仿射（度量）等价，则 Γ 和 Γ'' 也仿射（度量）等价。

于是，利用这两个等价关系，可对平面上的几何图形的集合进行分类，把互相仿射等价的图形分归同一类，于是平面上的全体几何图形分解为许多类，这些类称为仿射等价类，用度量等价关系则把平面上的全体几何图形可分解为许多度量等价类，比较这两种分类，前者粗，后者细，每个度量等价类都包含在一个仿射等价类中；反之，每个仿射等价类都由许多度量等价类构成。

全体三角形构成一个仿射等价类，它包含了无穷多个度量等价类，每个都由互相全等的三角形构成。全体椭圆构成仿射等价类，它也包含了无穷多个度量等价类；对每一对取定的正数平面上全体长半轴为 a，短半轴为 b 的椭圆构成一个度量等价类，全体平行四边形也构成一个仿射等价类；全体双曲线，全体抛物线都各自构成一个仿射等价类。

图象不是空集的二次曲线分为 7 个仿射等价类，除去上面说到的三类圆锥曲线，还有：{一对相交直线}，{一对平行直线}，{一条直线}，{一个点}。

二、仿射概念和仿射性质

几何学中有些概念是在仿射变换下不会改变的，把这种概念称为仿射概念。如点的共线性、直线的平行和相交概念，三个共线点的简单比、线段的中点，以及三角形、平行四边形、梯形、椭圆、抛物线、双曲线等等，都是仿射概念；长度、角度、面积、垂直，以及等腰三角形、正三角形、直角三角形、圆等都不是仿射概念。对于三角形来说，各边的中线和重心是仿射概念；角平分线，一条边上的高，以及垂心、内心、外心等都不是仿射概念，对于二次曲线，其中心、共轭、切线、渐近线等都是仿射概念；对称轴、顶点都不是仿射概念。

类似地，把在等距变换下不会改变的概念称为度量概念，因为等距变换是特殊的仿射变换，所以所有仿射概念都是度量概念。长度，角度，面积，垂直，三角形的角平分线及其高、垂心、内心、外心，等腰三角形，正三角形，直角三角形，圆，以及二次曲线的对称轴、顶点都是度量概念，于是度量概念是一个大的范畴，而仿射概念只是其中的一部分。

几何图形的某种性质如果是用仿射概念刻画的，从而在仿射变换中保持不变，就称为仿射性质，仿射性质是一个仿射等价类中的所有图形所共同具有的性质，某种性质如果是用度量概念刻画的，从而在等距变换中保持不变，就称为度量性质，于是仿射性质也是度量性质，度量性质是一个更大的范畴，而仿射性质只是其中的一部分。

例如直线的平行或相交，点的共线，三角形的三条中线交于一点，平行四边形对角线互相平分等等都是仿射性质，三角形的三条高交于一点不是仿射性质，只能算作度量性质，尽管全体三角形构成的仿射等价类中的所有图形（三角形）都具有此性质，但是它是用高（不是仿射概念）来刻画的。

欧几里得几何学中所提到的几何概念（除了位置和定向外）都是度量概念，

所研究的图形性质都是度量性质。

本章前面已经说明，把仿射性质从度量性质中区别出来，不仅是理论上的发展，也带来了研究仿射性质（概念）的方法上的创新。

要研究一个图形是否具有某种仿射性质，只要在此图形所在的仿射等价类中找一个特殊的图形来研究。例如要讨论三角形的仿射性质，只要对正三角形进行；要讨论椭圆的仿射性质，只要对圆进行。

第五节　空间的仿射变换与等距变换

仿照平面上的做法，可以在空间引进仿射变换和等距变换，其定义方式、性质以及论证的路线与平面的情形几乎是一样的，与平面情形的不同也只是"量变"，推理过程中不会遇到实质性的困难，因此下面只给出定义和主要的结论及其理论展开的思路，有兴趣的读者可以循着这条思路自己来补充论证的细节。

一、定义和线性性质

空间 E^3 上的保持距离不变的变换称为空间的等距变换。

空间的等距变换一定是可逆变换，并且它的逆变换也是等距变换。空间的所有等距变换构成空间的一个变换群，称为空间等距变换群。

空间 E^3 上的一个可逆变换如果把任何共线点组都变成共线点组，则称为空间的一个仿射变换。

如果 $f:E^3 \to E^3$ 是空间仿射变换，则不共线点组在 f 下的像也是不共线点组，从而 f 的逆变换 f^{-1} 也是仿射变换。于是，空间的所有仿射变换也构成空间的一个变换群，称为空间仿射变换群。

在一个空间仿射变换下，每一条直线的像都是直线；每张平面的像都是平面，空间仿射变换还保持直线和平面的平行（相交）性。

二、空间仿射变换导出空间向量的线性变换

设 $f:E^3 \to E^3$ 是空间仿射变换，对于任一空间向量 α，取定有向线段 $\overrightarrow{AB} = \alpha$，规定 α 在 f 下的像 $f(\alpha) = f(\alpha) = \overrightarrow{f(A)f(B)}$，这样的规定与有向线段 $\overrightarrow{AB}$ 的

选择是无关的。

空间仿射变换 f 导出空间向量的变换具有线性性质，即满足：

（1）对于任何向量 α 和 β，$f(\alpha+\beta)=f(\alpha)+f(\beta)$；

（2）对于任何向量 α 和实数 k，$f(ka)=kf(a)$。

由此可推出，空间仿射变换把线段变为线段，并且保持共线三点的简单比。

三、空间仿射变换基本定理

空间仿射变换有平面仿射变换类似的基本定理。

（1）如果 $f:E^3 \to E^3$ 是一个仿射变换，$I=\{O；e_1,e_2,e_3\}$ 是一个仿射坐标系，则

$$F(I)=\{f(O),f(e_1),f(e_2),f(e_3)\}$$

也是一个仿射变换，并且对于任何点 P，P 在 I 中的坐标和 $f(P)$ 在 $f(P)$ 中的坐标相同。

（2）对任意给定的两个空间仿射坐标系 $I=\{O;e_1,e_2,e_3\}$ 和 $I'=\{O';e_1',e_2',e_3'\}$ 规定变换 $f:E^3 \to E^3$ 为：$\forall P \in E^3$，$f(P)$ 是在 I' 中的坐标和 O 在 I 中的坐标相同的点，则 f 是仿射变换。

这个定理的意义主要有以下几个方面。

（1）它说明对任意给定的两个空间仿射坐标系 I 和 I'，把 I 变为 I' 的仿射变换是存在并且唯一的。于是，空间两个不共面有序点组 A,B,C,D 和 A',B',C',D' 决定唯一空间仿射变换 f，使得 f 把 A,B,C,D 依次变为 A',B',C',D'。

（2）把 I 变为的仿射变换 $f:E^3 \to E^3$ 满足：$\forall P \in E^3$ $f(P)$ 是在 I' 中的坐标和 P 在 I 中的坐标相同的点。

推论 1：（1）对任意给定两个空间直角坐标系 I 和 I'，把 I 变为 I' 的仿射变换是等距变换；

（2）如果空间仿射变换把四面体 $ABCD$ 变为四面体 A',B',C',D'，并且这两个四面体的对应棱的长度都相等，则它是等距变换。

推论 2：如果空间仿射变换 f 把 I 变为 I'，图形 Γ 在坐标系 I 中有方程

$$F(x,y,z)=0,$$

则 Γ 的像 $f(\Gamma)$ 在坐标系 I' 中有方程

$$F(x,y,z)=0$$

用基本定理还可以证明

命题 6：每个空间仿射变换 f 都决定一个常数 σ（也称为变积系数），使得对空间中每个可以计算体积的图形 Γ，其体积 $v(\Gamma)$ 和它的像 $f(\Gamma)$ 的体积 $V(f(\Gamma))$ 之间有关系式

$$V(f(\Gamma)) = \sigma V(\Gamma).$$

四、在规定的坐标系中空间仿射变换的变换公式

设 f 是空间仿射变换，它把仿射坐标系 $I=\{O;e_1,e_2,e_3\}$ 变为 $I'=\{O';e_1',e_2',e_3'\}$，把 I 到 I' 的过渡矩阵 H 称为 f 在 I 中的变换矩阵。

设

$$H = \begin{bmatrix} h_{11} & h_{12} & h_{13} \\ h_{21} & h_{22} & h_{23} \\ h_{31} & h_{32} & h_{33} \end{bmatrix},$$

则它的 3 个列向量分别是 e_1',e_2',e_3' 在 I 的坐标，设向量 α 在 I 的坐标为 (x,y,z)，$f(\alpha)$ 在 I 中的坐标为 (x',y',z')，则

$$\begin{cases} x' = h_{11}x + h_{12}y + h_{13}z, \\ y' = h_{21}x + h_{22}y + h_{23}z, \\ z' = h_{31}x + h_{32}y + h_{33}z, \end{cases}$$

称此公式为 f 在 I 中的向量变换公式，

设 O' 在 I 中的坐标为 (b_1,b_2,b_3)，点 P 和 $f(P)$ 在 I 中的坐标分别为 (x,y,z) 和 (x',y',z')，则

$$\begin{cases} x' = h_{11}x + h_{12}y + h_{13}z + b_1, \\ y' = h_{21}x + h_{22}y + h_{23}z + b_2, \\ z' = h_{31}x + h_{32}y + h_{33}z + b_3, \end{cases}$$

称此公式为 f 在 I 中的点变换公式。

五、空间的刚体运动

在一个空间直角坐标系中，仿射变换是等距变换的充分必要条件是，它的变换矩阵是正交矩阵。

空间的第一类等距变换称为刚体运动，它在力学中很有用。例如平移、绕某条轴线旋转都是刚体运动。

命题 7：如果空间第一类等距变换 f 有不动点，则 f 是一个旋转。

证明：首先，如果 f 有不动直线，则 f 是一个旋转，下面证明 f 有不动直线。

作空间直角坐标系，使得其原点是不动点，则 f 的变换矩阵 H 是正交矩阵，并且 $|H|=1$，f 的不动点的坐标是以 $H-E$ 为系数矩阵的齐次线性方程组

$$(H-E)X=0$$

的解，因为 $(H-E)H^T=E-H^T$，两边取行列式，得到

$$|H-E|=|E-H^T|=-|H-E|,$$

于是 $|H-E|=0$，从而方程组有非零解，于是 f 的不动点不止一个，从而 f 有不动直线。

注：也可用几何方法证明，一个可行的证明思路如下：

（1）证明如果空间第一类等距变换 f 有一条不动直线，则 f 是一个旋转；

（2）两个转轴相交的旋转的复合是旋转；

（3）每个有不动点的空间第一类等距变换可分解为两个转轴相交的旋转的复合。

从命题可推出，空间第一类等距变换只有三种情形：平移、旋转，以及它们的复合。

第五章

射影几何学初步

射影几何属于非欧几何范畴，主要研究几何图形的射影性质。19世纪，利用综合法研究射影几何取得令人瞩目的丰硕成果，并使得射影几何发展为一门独立的学科。本章重点论述中心投影与射影平面、交比与射影坐标系、射影坐标变换与射影变换、二次曲线的射影理论。

第一节　中心投影与射影平面

一、中心投影

可以从几何图形度量性质中分划出"仿射性质"，它们就是仿射几何学的研究内容，可以用仿射变换来研究。现在我们又要从仿射性质中分划出称为"射影性质"的部分，它们就是射影几何学的研究内容。射影性质是只和点的共线性、线的共点性等概念有关的性质。读者可以从下面几个著名定理来了解这类性质。

定理 5-1：（德扎格（*Desarques*）定理）如果两个三角形的对应顶点的连线（有三条）交于一点，则它们的对应边的交点（有三个）共线（图 5-1）。

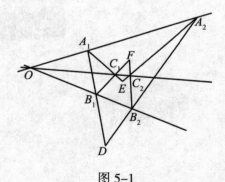

图 5-1

在这个定理中，条件只涉及线的共点性，结论又只涉及点的共线性。又如：

定理 5-2：（帕普斯（*Pappers*）定理）设 A,B,C 和 A',B',C' 都是共线点组，并设 M 是直线 AB' 和 $A'B$ 的交点，N 是直线 AC' 和 $A'C$ 的交点，P 是直线 BC' 和 $B'C$ 的交点，则 M，N，P 共线（图 5-2）。

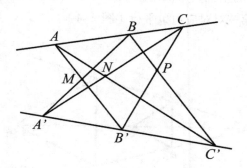

图 5-2

这个定理也只涉及两条直线的交点、两个点的连线，以及共线、共点等概念。

在至今所学的几何知识来看，这类问题是难题，不仅距离和夹角等度量工具用不上，就是平行、简单比等仿射工具也用不上。可以建立适当的仿射坐标系，用坐标法去证明，但不难想象过程的复杂性。细心的读者还会发现定理本身也存在不明确的地方，如德扎格定理的结论中，说两个三角形的对应边的交点共线，如果有一对对应边不相交呢？或者有两对对应边不相交呢？要把这些情况都考虑到，定理 5-1 应该分为以下 3 个定理：

定理 5-1A：如果两个三角形的对应顶点的连线交于一点，并且它们的对应边都相交，则三个交点共线。

定理 5-1B：如果两个三角形的对应顶点的连线交于一点，并且它们有一对对应边平行，其他两对对应边相交，则两个交点的连线平行于第一对对应边（图 5-3）。

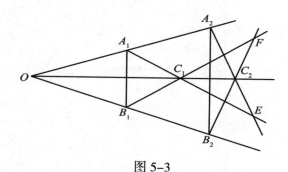

图 5-3

定理 5-1C：如果两个三角形的对应顶点的连线交于一点，并且已知它们有两对对应边平行，则第三对对应边也平行（图 5-4）。

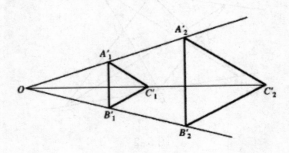

图 5-4

在欧氏几何学或仿射几何学中来看，这 3 个定理确实不同，并且它们证明的难度相差很大。如果用综合法论证，用相似理论证明定理 5-1C 是不困难的；定理 5-1B 也可用相似理论证明，但已经不很简单了；对于定理 5-1A，用相似理论证明就更加困难了。但是在射影几何学中，这 3 个定理可统一起来。

对帕普斯定理也有类似情况，分别考查对应的边对相交或平行的各种情形，它可以分成下列几个命题：

定理 5-2A：设 A,B,C 和 A',B',C' 都是共线点组，并设直线 AB' 和 $A'B$ 相交于点 M，直线 AC' 和 $A'C$ 相交于点 N，直线 BC' 和 $B'C$ 相交于点 P，则 M,N,P 共线（见图 5-2）。

定理 5-2B：设 A,B,C 和 A',B',C' 都是共线点组，并设直线 AB' 和 $A'B$ 相交于点 M，直线 AC' 和 $A'C$ 相交于点 N，而 $BC' \parallel B'C$，则 $MN \parallel BC' \parallel B'C$（图 5-5）。

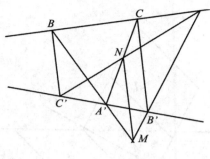

图 5-5

定 理 5-2C：设 A,B,C 和 A',B',C' 都 是 共 线 点 组， 并 设 直 线 $AB' \parallel A'B, AC' \parallel A'C,$ 则 $BC' \parallel B'C$（图 5-6）。

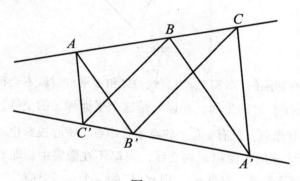

图 5-6

以上这 3 个定理在射影几何学中也可统一起来。

现在我们介绍一个工具，它可以把上面每组中的 3 个定理互相转化，这个工具就是两张相交平面之间的"中心投影"。

设 π 和 π' 是两张相交的平面，取定不在 π 和 π' 上的一点 O。规定一个对应 τ 如下：对 π 上的点 M，把它对应到直线 OM 和 π' 的交点 M'（图 5-7），我们把 τ 称为以 O 点为中心的 π 到 π' 上的中心投影。

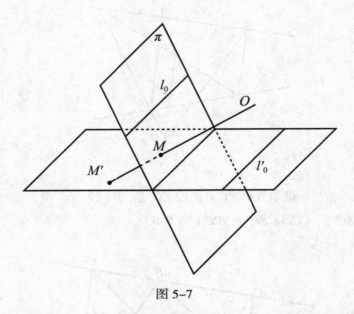

图 5-7

中心投影是有缺陷的。事实上，当直线 OM 和 π' 平行时就不会得到像点。于是，如果过 O 点作平行于 π' 的平面，并设 l_0 是这个平面和 π 的交线，则中心投影 τ 对于 l_0 上的点没有像点，只有 $\pi \backslash l_0$ 上的点才有像点。中心投影也不映满 π'。设 l_0' 是过点 O 且平行于 π 的平面和 π' 的交线，则 l_0' 不在像集中。即 τ 只是从 $\pi \backslash l_0$ 到 $\pi' \backslash l_0'$ 的映射，容易看出，它是 $\pi \backslash l_0$ 到 $\pi' \backslash l_0'$ 的一个一一对应。

中心投影也把共线点组变为共线点组。事实上，若 l 是 π 上的一条直线，l_0 是 l 和 O 点决定的平面和 π' 的交线，则 l 上的点（只要不在 l_0 上）的像都在 l' 上。在这一点上它和仿射变换是相同的。

但是中心投影并不保持简单比，设 A,B,C 是 π 上的三个共线点，它们所在的直线不平行于 π 和 π' 的交线，记 $A'=\tau(A)$，$B'=\tau(B)$，$C'=\tau(C)$，则 A,B,C 所在的直线和 A',B',C' 所在的直线是相交的，从而简单比 (A,B,C) 和 (A',B',C') 一定不相等（图 5-8）。

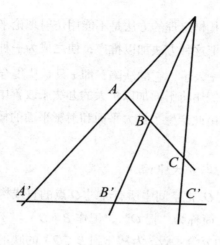

图 5-8

中心投影也不保持平行性。如果 π 上两条相交直线 l_1 和 l_2 的交点 N 在 l_0 上，它们与 O 点决定的两张平面的交线 ON 平行于 π'，从而它们在中心投影下的像 l_1' 和 l_2' 都平行于 ON，从而互相平行（线 l_1 和 l_2 的交点 N 在 l_0 上是 $l_1' \parallel l_2'$ 的充分必要条件）。如果 π 上两条平行直线 l_1 和 l_2 不和 l_0 平行，则它们与 O 点决定的两张平面的交线和 π' 相交，设交点为 P，则 l_1 和 l_2 在中心投影下的像相交于 P 点。

中心投影不保持平行性的这个特点正好可以被用到德扎格定理的证明上。设想把图 5-1 画到 π 上，并且让 E 点和 F 点在 l_0 上，此时在中心投影下它映成的 π' 上的图形正好就是图 5-4（其中图 5-1 上的每个点投影为图 5-4 上带 "'" 的相同文字表示的点）所表示的情形，其中 $A_1'C_1' \parallel A_2'C_2'$，$B_1'C_1' \parallel B_2'C_2'$。于是，如果定理 5-1C 成立，就得到 $A_1'B_1' \parallel A_2'B_2'$，于是 D 点也在 l_0 上，从而 D,E,F 三点共线。这样，中心投影就把定理 5-1A 转化为定理 5-1C，类似地用它也可以把 5-1A 转化为定理 5-1B（让 D 点在 l_0 上）。这样，定理 5-1A，5-1B 和 5-1C 统一起来了，利用中心投影还可把定理 5-1A 转化成更多的形式。事实上，在把图 5-1 画到 π 上时，可选择任意一点或两个点画到 l_0 上，也可选择任意一条直线作为 l_0，不同的选择将得到不同的情形，比如 "两个三角形的对应顶点的连线交于一点" 可换为 "两个三角形的对应顶点的连线互相平行"。

同样的办法也可用到帕普斯定理上，请读者自己进行验证。

二、射影平面

用中心投影证明德扎格定理的方法是不能用仿射理论来解释的，因为中心投影不是仿射变换。怎样把这种方法加以推广，使之成为一种一般性的方法呢？我们先要从分析中心投影 τ 入手。它的缺陷，即 τ 只是从集合 $\pi \setminus l_0$ 到集合 $\pi' \setminus l_0'$ 的一个一一对应。下面我们用将平面加以扩大的办法来改善中心投影（这种方法和透视图法相联系），并由此产生了扩大平面和射影平面的概念，带动了射影几何学理论上的飞跃。

（一）中心直线把与扩大平面

取定空间中的一点 O，把空间中所有经过 O 点的直线构成的集合称为以 O 点为中心的中心直线把，简称为"把 O"，记作 $B(O)$。于是 π 到 π' 中心投影 τ 可以分解为两个映射的复合：设 i 为从 π 到 $B(O)$ 的映射，它把 π 上的点 P 对应到直线 OP（称为 OP 的射影），j' 为从 $B(O)$ 到 π' 的映射，它把 $B(O)$ 中的直线 l 对应到 l 和 π' 的交点（称为 l 的截影），则 $\tau = j' \cdot i$。i 不是满射，$B(O)$ 中凡是平行于 π 的直线不在其像集中；j' 不是定义在整个 $B(O)$ 上的，$B(O)$ 中和 π' 平行的直线与 π' 没有交点，因此 j' 在其上没有定义。

$B(O)$ 中的直线完全由它的方向所决定，我们把直线的方向称为线向（区别于向量的方向）。它可以用一个非零向量来表示，但是相反方向的向量表示同一个线向。于是 $B(O)$ 中凡是线向平行于 π 的直线不在映射 i 的像集中，$B(O)$ 中凡是线向平行于 π' 的直线不在映射 j' 的定义域中。

下面我们把 π（作为点集）加以扩大：把所有平行于 π 的线向作为新元素添加进来，称这个扩大了的集合为 π 的扩大平面，并记作 π_+。因此 π_+ 是一个特殊的集合，它由两种不同性质的元素所构成：一部分是普通的点，即原来 π 上的点（这些元素构成 π_+ 的子集 π）；另一部分是平行于 π 的所有线向。映射 i 现在可以扩大到 π_+ 上：让每个线向的射影规定为 $B(O)$ 中由此线向决定的直线。此时，$i:\pi_+ \to B(O)$ 是一个一一对应的，把它称为射影映射（简称射影）。在射影映射之下，当点沿着平面 π 上的一条直线向着无穷远处（不论是两个方向中的哪个方向）跑去时，它的射影像的极限就是此直线的线向的射影像，因此常常把直线的线向称为它的无穷远点。平面 π' 也可同样扩大为 π_+'，并规定 $B(O)$ 中平行于 π' 的直线的截影为它的线向（是 π_+' 的元素）。此时，$j':B(O) \to \pi_+'$ 也是一一对应，称为截影。这样，中心投影 $\tau=j'\cdot i$ 就是 π_+ 到 π'_+ 的一个一一对应，但是它会把 π_+ 的某些普通点（即上的点）变为 π'_+ 的线向，也会把 π_+ 的某些线向变为 π'_+ 的普通点。事实上，除了的线向之外的所有其他线向都变为普通点，而 l_0 的线向也在 π'_+ 上，中心投影把它变为自己（它是 π_+ 和 π'_+ 的一个公共点）。

（二）扩大平面和中心直线把上的"线"结构

扩大平面上有了无穷远点这一类特殊的元素后，平面上原来的许多几何概念不再有意义，或者需要改变。这里我们先来说说直线（为了避免混淆，在扩大平面上暂时改称为"线"）概念的改变。π_+ 上的"线"是 π_+ 的下面两种子集：

（1）π 上的原来的直线添加上它的无穷远点成为 π_+ 的"线"（下面称普通）线。

（2）π_+ 的所有无穷远点构成的子集也看作 π_+ 的线，称为 π_+ 的"无穷远线"。

普通线容易被接受，有的读者可能会对"所有无穷远点构成一条线"感到意外。下面的事实会帮助你看出这个规定的合理性：在射影下，（2）和（1）中的每条"线"的像都恰好构成空间中以 O 为中心的一个中心直线束（即经过 O 点，并且在一张平面上的全体直线的集合），π 上的一条直线 l 的像都在 l 与 O 点决定的平面上，但是要加上经过 O 点并且和 l 平行的直线才能构成中心直线束；所有无穷远点构成的"线"的像就是在经过 O 点并且平行于 π 的直线构成的那个中心直线束。而在截影下，$B(O)$ 中的每个中心直线束的像都是 π'_+ 上的"线"，其中有一个是无穷远线，其他都是普通线。于是，在 π_+ 到 π'_+ 的中心投影 τ 之下，π_+ 的每条"线"恰好映成 π'_+ 的一条"线"，π'_+ 的每条"线"的原像也都是 π_+ 的"线"，从而中心投影 τ 诱导出从 π_+ 的"线"的集合到 π'_+ 的"线"集合的一个一一对应。但是 π_+ 的"无穷远线"对应到 π'_+ 的一条普通"线"，π_+ 上有一条普通"线"对应到 π'_+ 的"无穷远线"。

在 $B(O)$ 上，我们也规定"线"结构：在同一中心直线束中的直线的集合称为 $B(O)$ 中的一条"线"，于是 $B(O)$ 中的"线"集合和经过 O 点的平面的集合有自然的一一对应关系，因此也可把经过 O 点的平面看作 $B(O)$ 中的"线"。

现在，扩大平面和中心直线把上都有了"线"结构，并且射影和截影都是保持"线"结构的一一对应。在中心直线把上的"线"不存在差别。由此也可看出扩大平面上"线"结构的合理性。

下面，在提到扩大平面和中心直线把上的"线"时，不再带引号。在中心直线把上，把原来意义的直线改称为点或元素。读者在见到这些名词时应注意准确认定其意义。

（三）点与线的关联关系

在扩大平面上，线与点的关系有了变化。

"两点决定一条线"仍然正确，但是内涵更加丰富了，除了两个普通点仍决定线（在通常意义下决定的直线加上无穷远点）外，一个普通点和一个无穷远点也决定一条线，两个无穷远点则决定的是无穷远线。

在扩大平面上，两条不同线的关系也简单了："任何两条不同的线都相交于一点，两条普通线如果按照原来的意义就是相交的，则它们的无穷远点不同，因此仍然只有一个交点；如果按照原来的意义是平行的，则它们有公共的无穷远点；一条普通线在它的无穷远点处和无穷远线相交。

线束的概念也发生了改变，不再分中心线束和平行线束，后者也是经过一点（即一个无穷远点）的线的集合。

现在，点与线的关系变得对称了。

在习惯上，点与线还有从属关系，即把线看作点的集合，点在线上看作一种属于关系。但是如果把每个点与它决定的线束等同起来，那么也可说线属于点（即它决定的线束）。于是点和线的从属关系是互相的，以后我们改称为点和线的关联关系。

在扩大平面上，平行已失掉意义。欧氏几何和仿射几何的许多概念不能在扩大平面上推广，如距离、夹角、简单比等等，它们既在中心投影下不再保持，也不能自然地引申到扩大平面上。线段的概念也失去意义，因为沿着一条线从一点跑到另一点有两个途径。虽然我们也谈扩大平面上的三角形，但是边、角、内部等概念都已失去意义，只剩下三个不共线的顶点和三条不共点的线。

在扩大平面上只保留下了点与线的关联关系，以及在此基础上产生的点的共线关系和线的共点关系。于是许多几何命题不再有意义，但是，如德扎格定理和帕普斯定理等的条件和结论都只涉及点线关联关系的命题，即可以放在扩大平面上来研究，并且不必再区别各种情形。

在射影几何学中，所研究的正是图形的只与点线关联关系相关的几何性质。

在中心直线把上看，点线的关联关系更加直观而明确，它就是通常意义下直线和平面的关系。

（四）射影平面的定义

在结束本节之前，我们给出射影平面的一般定义。

定义 5-1：一个具有线结构的集合（即规定了它的哪些子集称为线）称为一个射影平面，如果存在从它到一个中心直线把的保持线结构的一一对应。

这里所说的"保持线结构"，也就是"保持点线的关联关系"。

这是一个形式上很抽象的描述性的定义，它并没有把射影平面规定为一个具体的几何实体。但是由这个定义知道，每个中心直线把都是射影平面，每个扩大平面也都是射影平面。除了这两大类射影平面外，还有许多形式各异的其他的射影平面，它们的具体形式分别适合不同研究领域的需要。虽然形式上是多样的，但是因为射影几何学中所关心的正是只涉及点线关联关系的问题，而不同的射影平面间有着保持点线的关联关系的一一对应，所以从射影几何学的角度来看，它们并无区别。对于初学者而言，不必去关心到底还有哪些不同形式的射影平面，在本章以后的讨论中，我们都以中心直线把和扩大平面作为具体的模型。

扩大平面和普通平面的自然的联系使得我们可以把射影平面作为普通平面在集合上的扩充，普通平面上图形可以放到射影平面上来看，射影几何学的许多结论就可应用到普通几何问题上去。由此看出，射影几何学和仿射几何学的密切联系。

中心直线把作为射影平面的基本模型，一方面它的各元素是没有区别的，另一方面它的直观性以及和普通空间的自然联系解除了射影平面的神秘性。

第二节　交比与射影坐标系

一、交比

简单比是仿射几何学中的重要概念，但是它在中心投影下不保持不变，因此不能用到射影几何学中起到代替它的作用的是交比。交比概念本来在普通的平面和空间中就可以引进，但是它被距离、夹角、简单比等概念所决定，因此在欧氏几何学和仿射几何学中，它没有独立的价值。然而，这个概念可以推广到扩大平面和中心直线把上，并且它在射影、截影和中心投影下保持不变，从而成为射影几何学中的一个重要的数量形式的概念。

下面先分析普通几何中的交比及其性质，然后建立扩大平面和中心直线把上的交比。

（一）普通几何中的交比

设 α_1，α_2，α_3，α_4 是空间中的 4 个共面的向量，但是它们两两不共线。于是根据分解定理，α_3，α_4 都有对 α_1，α_2 的唯一分解式：

$$\alpha_3 = s_1\alpha_1 + t_1\alpha_2 \quad (5-1)$$

$$\alpha_4 = s_2\alpha_2 + t_2\alpha_2 \quad (5-2)$$

其中 s_1, t_1, s_2, t_2 都不等于 0。把比值

$$\frac{s_2 t_1}{s_1 t_2} \quad (5-3)$$

称为这 4 个向量的交比，记作 $(\alpha_1, \alpha_2, \alpha_3, \alpha_4)$。

显然，交比的值和这 4 个向量的顺序有关，但是不同顺序的交比是互相决定的。它们具有下面的规律：

（1）$(\alpha_1, \alpha_2, \alpha_4\alpha_3) = (\alpha_2, \alpha_1, \alpha_4\alpha_3) = (\alpha_1, \alpha_2, \alpha_3\alpha_4)^{-1}$；（5-4）

（2）$(\alpha_1, \alpha_3, \alpha_2\alpha_4) + (\alpha_1, \alpha_2, \alpha_3\alpha_4) = 1$；（5-5）

（3）$(\alpha_3, \alpha_4, \alpha_1\alpha_2) = (\alpha_1, \alpha_2, \alpha_3\alpha_4)$。（5-6）

（1）的验证是容易的，留给读者完成，下面先验证（2）。

从（5-1）和（5-2）得到

$$\alpha_2 = -\frac{s_1}{t_1}\alpha_1 + \frac{1}{t_1}\alpha_3, \quad \alpha_4 = (s_2 - \frac{s_1 t_2}{t_1})\alpha_1 + \frac{t_2}{t_1}\alpha_3,$$

于是

$$(\alpha_1, \alpha_3, \alpha_2, \alpha_4) = \frac{\frac{1}{t_1}(s_2 - \frac{s_1 t_2}{t_1})}{-\frac{s_1 t_2}{t_1^2}} = \frac{t_1 s_2 - s_1 t_2}{-s_1 t_2}$$

$$= 1 - (\alpha_1, \alpha_2, \alpha_3, \alpha_4)$$

移项得到（2）。

再用（1）和（2）推出（3）：

$$(\alpha_3, \alpha_4, \alpha_1, \alpha_2) = 1 - (\alpha_3, \alpha_1, \alpha_4, \alpha_2)$$

$$= 1 - (\alpha_1, \alpha_3, \alpha_2, \alpha_4)$$

$$= (\alpha_1, \alpha_2, \alpha_3, \alpha_4)。$$

从（1），（2），（3）可以推出所有其他顺序的交比（共有 24 个不同的顺序）。

命题 5-1：设 $\alpha_1, \alpha_2, \alpha_3, \alpha_4$ 是空间中两两不共线的 4 个共面的向量，k_1, k_2, k_3, k_4 是任意的 4 个非 0 常数，则

$$(k_1\alpha_1, k_2\alpha_2, k_3\alpha_3, k_4\alpha_4) = (\alpha_1, \alpha_2, \alpha_3, \alpha_4)。$$

证明：只用分析每个 k_i 对 s_1, s_2, t_1, t_2 这 4 个数的影响，它恰好改变其中的两个数，并且这两个数分别出现在比式

$$\frac{s_2 t_1}{s_1 t_2}$$

的分子和分母上，从而它不改变比式的值。详细证明过程请读者自己完成。

命题 5-1 说明 4 个向量的交比是由它们代表的 4 个线向所决定的，从而可以规定 4 条共面直线的交比。

定义 5-2：设 l_1, l_2, l_3, l_4 是空间中 4 条平行于同一平面的直线，并且它们两两不平行，则规定它们的交比为：

$$(l_1, l_2, l_3, l_4) : = (\alpha_1, \alpha_2, \alpha_3, \alpha_4)$$

其中 α_i 是平行于 l_i 的任意非零向量，$i = 1, 2, 3, 4, \ldots$。

这 4 条直线的不同顺序的交比也具有（5-4），（5-5），（5-6）所示的规律：

（1）$(l_1, l_2, l_4, l_3) = (l_2, l_1, l_4, l_3) = (l_1, l_2, l_3, l_4)^{-1}$；

（2）$(l_1, l_3, l_2, l_4) + (l_1, l_2, l_3, l_4) = 1$；

（3）$(l_3, l_4, l_1, l_2) = (l_1, l_2, l_3, l_4)$。

在直线作平移时它们的线向不变，因此交比不改变。以后常用的是相交一点的 4 条共面直线的交比。

下面再规定共线 4 点的交比。

定义 5-3：设 A_1, A_2, A_3, A_4 是平面上共线的 4 个不同的点，规定 A_1, A_2, A_3, A_4 的交比为

$$(A_1, A_2, A_3, A_4) := \frac{(A_1, A_2, A_3)}{(A_1, A_2, A_4)}$$

点的交比和线的交比有着密切的关系。

命题 5-2：（1）设 l_1, l_2, l_3, l_4 是平面 π 上的经过点 P 的 4 条不同直线，l 是 π 上的不经过 P 点，并且和 l_1, l_2, l_3, l_4 都相交的直线，记 l_1, l_2, l_3, l_4 依次是它与 l_1, l_2, l_3, l_4 的交点（图 5-9）[①]，则

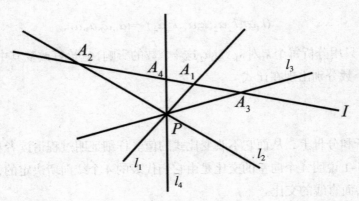

图 5-9　（命题 5-2 图）

$$(l_1, l_2, l_3, l_4) = (A_1, A_2, A_3, A_4).$$

（2）设 A_1, A_2, A_3, A_4 是共线的 4 个不同点，O 是与它们不共线的一点，它和 A_1, A_2, A_3, A_4 依次决定直线 l_1, l_2, l_3, l_4，则

$$(A_1, A_2, A_3, A_4) = (l_1, l_2, l_3, l_4).$$

证明：显然（1）和（2）是等价的，下面只证明（1），为此只需证明

① 本节图片引自尤承业. 解析几何 [M]. 北京：北京大学出版社，2004.

$$(l_1, l_2;\ l_3, l_4) = \frac{(A_1, A_2, A_3)}{(A_1, A_2, A_4)}$$

按照线的交比的定义，

$$(l_1, l_2;\ l_3, l_4) = (\overrightarrow{PA_1}, \overrightarrow{PA_2}; \overrightarrow{PA_3}, \overrightarrow{PA_4})。$$

设

$$\overrightarrow{PA_3} = s_1 \overrightarrow{PA_1} + t_1 \overrightarrow{PA_2},\quad \overrightarrow{PA_4} = s_2 \overrightarrow{PA_1} + t_2 \overrightarrow{PA_2}$$

则

$$(A_1,\ A_2,\ A_3) = \frac{t_1}{s_1},\quad (A_1,\ A_2,\ A_4) = \frac{t_2}{s_2},$$

于是

$$(l_1, l_2;\ l_3, l_4) = (\overrightarrow{PA_1}, \overrightarrow{PA_2}; \overrightarrow{PA_3}, \overrightarrow{PA_4}) = \frac{s_2 t_1}{s_1 t_2} = \frac{(A_1, A_2, A_3)}{(A_1, A_2, A_4)}$$

我们把命题 5-2 所说明的事实称为点线交比的协调性。

从点线交比的协调性看出，这两种交比有相同的性质。于是，共线 4 点在不同顺序下的交比也具有（5-4），（5-5），（5-6）所示的规律，这里不再一一写出（它们也可直接用定义验证）。

共线 4 点的交比既然是用简单比规定的，于是它在仿射变换和仿射映射之下是保持不变的。于是共面 4 直线的交比在仿射变换和仿射映射之下也保持不变。

用点线交比的协调性可以证明一些几何问题，这种方法称为交比法。

在普通的空间中还有共轴的 4 平面的交比。

命题 5-3：如果 $\pi_1, \pi_2, \pi_3, \pi_4$ 是空间中 4 张都经过直线 l 的不同平面，π 是与 l 相交的平面。记 l_1, l_2, l_3, l_4 依次是 π 和 $\pi_1, \pi_2, \pi_3, \pi_4$ 的交线，则交比 (l_1, l_2, l_3, l_4) 和 π 的选择无关。

证明：设 π 和 π' 是两张都和 l 相交的平面，记 l_1, l_2, l_3, l_4 依次是平面 π 和 $\pi_1, \pi_2, \pi_3, \pi_4$ 的交线，l_1', l_2', l_3', l_4' 依次是 π' 和 $\pi_1, \pi_2, \pi_3, \pi_4$ 的交线。

如果 π 和 π' 平行，则 $l_i /\!/ l_i'$，$i=1$，2,3,4, 结果显然。

如果 π 和 π' 不平行，从 π 到 π' 的并且平行于 l 的平行投影把 l_i 变为 l_i'，

$i=1,2,3,4$。平行投影是这两张平面之间的仿射映射，于是由共面 4 直线的交比在仿射映射之下保持不变得到结果。

这个命题使得我们可以规定共轴 4 平面的交比。

定义 5-4：设 π_1,π_2,π_3,π_4 是空间中 4 张不同平面，它们都经过直线 l，取定一张与 l 相交的平面 π。记 l_1,l_2,l_3,l_4 依次是 π 和 π_1,π_2,π_3,π_4 的交线，规定 π_1,π_2,π_3,π_4 的交比为

$$(\pi_1,\pi_2,\pi_3,\pi_4)=(l_1,l_2,l_3,l_4)$$

共轴 4 平面在不同顺序下的交比也具有（5-4），（5-5），（5-6）所示的规律。面线的交比也有协调性，请读者自己叙述其意义，并给出证明。

（二）中心直线把和扩大平面上的交比

现在把交比的概念引进射影平面，我们要建立的交比有两类：共线 4 点的交比和共点 4 线的交比。

实际上我们只在中心直线把和扩大平面上建立交比。根据射影平面的意义，不难再把交比概念引入一般射影平面上。不过在这里我们不进行对此概念的引入。

1. 中心直线把上的交比

在中心直线把上建立交比概念是十分自然的。

设 l_1,l_2,l_3,l_4 是中心直线把 $B(O)$ 中的 4 个共线点，也就是普通空间中经过 O 点的 4 条共面的直线，于是可规定它们的交比也就是共面 4 线的交比，仍记作 (l_1,l_2,l_3,l_4)。

设 π_1,π_2,π_3,π_4 是中心直线把 $B(O)$ 的 4 条共点的线，也就是普通空间中 4 张共轴的平面，于是可规定它们的交比也就是共轴 4 平面的交比，仍记作 $\pi_1,\pi_2;\pi_3,\pi_4$。

中心直线把上的这两类交比有协调性，即

（1）设 l_1,l_2,l_3,l_4 是中心直线把 $B(O)$ 的 4 个共"线"点，l 和它们不共线，并依次和它们决定"线" π_1,π_2,π_3,π_4，则

$$(l_1,l_2;\ l_3,l_4)=\pi_1,\pi_2;\pi_3,\pi_4$$

（2）设 π_1,π_2,π_3,π_4 是中心直线把 $B(O)$ 的 4 条共点"线"，π 和它们不共点，并依次和它们相交于点 l_1,l_2,l_3,l_4，则

$$(\pi_1,\pi_2;\pi_3,\pi_4)=(\ l_1,l_2;\ \ l_3,l_4\ )$$

中心直线把上的交比和顺序的关系也具有（5-4），（5-5），（5-6）所示的规律。

2. 扩大平面上的交比

设 A_1,A_2,A_3,A_4 是扩大平面 π_+ 上的共线 4 点，则有三种可能性：①它们都是普通点；②其中有一个为无穷远点；③它们都是无穷远点。在①的情形已经有交比 $(A_1,A_2;A_3,A_4)$。但是在②和③的情形就不能用普通几何中的交比来规定它们的交比了。我们必须另辟蹊径，方法是用射影把它们变为中心直线把中的共"线"4 点，用后者的交比规定它们的交比。但是射影不是唯一的，它由 O 点决定。为此我们必须先说明 O 点的选择不会影响结果。

在下面的命题和定义中，对于 π_+ 上的一点 A，和空间中不在 π 上的点 O。记 OA 是 A 的射影像，即 O 和 A 决定的直线（当 A 是线向时，是经过 O 点，并且线向为 A 的直线）。

命题 5-4：设 A_1,A_2,A_3,A_4 是扩大平面 π_+ 上的共"线"4 点。O 是空间中不在 π 上的点，则交比（OA_1，OA_2；OA_3，OA_4）和 O 点的选择无关。

证明：设 O 和 O' 是两个不在 π 上的点，则空间保持 π 上的每一点不动，并且把 O 变为 O' 的仿射变换把 OA_1，OA_2；OA_3，OA_4 依次变为

$O'A_1,O'A_2,O'A_3,O'A_4$，于是交比

$$(OA_1,\ OA_2;\ OA_3,\ OA_4)=(O'A_1,O'A_2;O'A_3,O'A_4)$$

有了这个命题，我们可以作出下面的定义。

定义 5-5：设 A_1,A_2,A_3,A_4 是扩大平面 π_+ 上的共线 4 点。O 是空间中和 A_1,A_2,A_3,A_4 不共线的点，则规定 A_1,A_2,A_3,A_4 的交比为

$$A_1,A_2,A_3,A_4=(OA_1,\ OA_2;\ OA_3,\ OA_4)。$$

显然，不同顺序的交比也具有（5-4），（5-5），（5-6）所示规律。

根据这个定义，容易得出：当 A_1,A_2,A_3,A_4 都是普通点时，它们的交比就是普通几何中的交比，从而可以用简单比表示：

$$（A_1，A_2；A_3，A_4）= \frac{（A_1,A_2,A_3）}{（A_1,A_2,A_4）}。$$

当 A_1,A_2,A_3,A_4 都是无穷远点（线向）时，则（A_1，A_2；A_3，A_4）是这 4 个线向的交比。

下面讨论当 A_1,A_2,A_3,A_4 中有一个无穷远点时，其交比和其中 3 个普通点的简单比的关系。由于不同顺序的交比是互相决定的，我们只给出 A 是无穷远点的情况。此时向量 $\overrightarrow{A_1A_2}$ 平行于 OA_4，于是

$$（OA_1，OA_2；OA_3，OA_4）=（\overrightarrow{OA_1},\overrightarrow{OA_2};\overrightarrow{OA_3},\overrightarrow{A_1A_2}）$$

设 $\overrightarrow{OA_3}=s_1\overrightarrow{OA_1}+t_1\overrightarrow{OA_2}$，又有 $\overrightarrow{A_1A_2}=-\overrightarrow{OA_1}+\overrightarrow{OA_2}$，于是

$$（\overrightarrow{OA_1},\overrightarrow{OA_2};\overrightarrow{OA_3},\overrightarrow{A_1A_2}）=-\frac{t_1}{s_1}=-（A_1，A_2，A_3）$$

即当 A_1，A_2，A_3 都是普通点，A_4 是无穷远点时，

$$（OA_1，OA_2；OA_3，OA_4）=-（A_1，A_2，A_3）\qquad（5\text{-}8）$$

下面来规定扩大平面上的共点 4"线"的交比。

设 l_1,l_2,l_3,l_4 是扩大平面 π_+ 上的共点 P 的 4"线"，则也有三种可能性：① P 是普通点；② P 是无穷远点，l_1,l_2,l_3,l_4 中有一条为无穷远线；③ P 是无穷远点，l_1,l_2,l_3,l_4 都是普通线。

和规定扩大平面上的共线 4 点的交比时遇到的情形一样，在 P 是普通点时，l_1,l_2，l_3,l_4 都是普通线，可以用普通几何中的交比来规定它们的交比，但是对另两种情形普通几何中没有相应的交比。我们仍采用定义点的交比时所用的方法。

对于 π_+ 上的线 l 和空间中不在 π 上的点记 O，记 Ol 是 O 和 l 决定的平面（当 l 是无穷远线时，Ol 是经过 O 点，平行于 π 的平面）。

命题 5-5：设 l_1,l_2，l_3,l_4 是扩大平面 π_+ 上的共点 4 线。O 是空间中不在 π 上的点，则交比 $(Ol_1,Ol_2;Ol_3,Ol_4)$ 和 O 点的选择无关。

证明：设 O 和 O' 是两个不在 π 上的点，则空间的保持 π 上的每一点不动，并且把 O 和 O' 的仿射变换使得 Ol_1,Ol_2,Ol_3,Ol_4 依次变为 $O'l_1,O'l_2,O'l_3,O'l_4$，于是交比

$$(Ol_1, Ol_2;\ Ol_3, Ol_4) = (O'l_1, O'l_2; O'l_3, O'l_4)$$

定义 5-6：设 $l_1, l_2,\ l_3, l_4$ 是扩大平面 π_+ 上的共点 4 线。O 是空间中不在 π 上的点，则规定 l_1, l_2, l_3, l_4 的交比为

$$(l_1, l_2;\ l_3, l_4) = (Ol_1, Ol_2; Ol_3, Ol_4)$$

显然，规律（5-4），（5-5），（5-6）对这个定义也是适用的。

当 l_1, l_2, l_3, l_4 都不是无穷远线时，$(l_1, l_2;\ l_3, l_4)$ 就是通常的交比。

扩大平面上的交比的定义方法蕴涵了：

命题 5-6：扩大平面和中心直线把之间的射影和截影保持交比不变，从而两个扩大平面之间的中心投影也保持交比不变。并且，扩大平面上点与线的交比也是协调的。

（三）调和点列和调和线束

下面的定义和讨论仍然是在中心直线把和扩大平面上进行的。

定义 5-7：如果共线 4 点的交比为 –1，就称它们为调和点列；如果共点 4 线的交比为 –1，就称它们为调和线束。

根 据 交 比 与 顺 序 的 关 系，当 A_1, A_2, A_3, A_4 是 调 和 点 列 时，A_2, A_1, A_3, A_4；A_1, A_2, A_4, A_3，以 及 A_2, A_1, A_3, A_4 都是调和点列，即调和性与 A_1, A_2 的顺序和 A_3, A_4 的顺序都无关，是点组 A_1, A_2 和点组 A_3, A_4 的一种关系。还可得出，当 A_1, A_2, A_3, A_4 是调和点列时，A_3, A_4, A_1, A_2 也是调和点列，即 A_1, A_2 和 A_3, A_4 的调和关系是对称的。对调和线束，情况也完全一样。

给定共线的三个点 A_1, A_2, A_3，如果 A_2, A_1, A_3, A_4 是调和点列，则称 A_4 为 A_1, A_2, A_3 的第四调和点。

二、射影坐标系

为了用解析方法研究射影几何学中的问题，必须建立适当的坐标系。坐标系的基本内涵是建立从几何学的对象(点、线或其他几何图形等)到某种数量形式(即坐标)的对应关系，但是坐标的数量形式是要随着几何对象的不同而改变的[①]。在仿射坐标系中，坐标是有序数组，而对于射影平面，有序数组不再适合，我们

---

①　田玉屏. 射影观点下的直角坐标系 [J]. 四川师范大学学报：自然科学版，1996（2）：86-89.

将采用"三联比"为坐标的数量形式，三个不全为 0 的数 x,y,z 之间的比例关系称为一个三联比，记作

$$\langle x,y,z \rangle \text{ 或 } \left\langle \begin{matrix} x \\ y \\ z \end{matrix} \right\rangle$$

（前者用来记线的坐标；后者用来记点的坐标，它也常写成 $\langle x,y,z \rangle$）当 x,y,z 以同时乘一个不为 0 和 1 的数时，虽然它们每个数都在改变，但是它们的三联比不改变。显然三联比这种数量形式适合于表现直线的线向和平面的倾向等几何概念。当在空间中取好了一个仿射坐标系后，对于一条直线 l，取一个与它平行的非零向量 α，设 α 的坐标是 (x,y,z)，则三联比 $\langle x,y,z \rangle$ 与 α 选择无关，它正好表示了 l 的线向。

（一）中心直线把上的射影坐标系

我们先在中心直线把上建立射影坐标系，是因为中心直线把和普通空间中的几何有着自然的联系。正是通过这种联系，利用仿射理论来得到中心直线把上的射影坐标系。

设 $B(O)$ 是一个中心直线把，则它的元素是空间中经过 O 点的直线，由线向所决定。于是，当在空间中取定以 O 为原点的仿射标架 $\{O; e_1,e_2,e_3\}$（实际上起作用的只是三个不共面的向量 e_1,e_2,e_3 后，$B(O)$ 中的每个元素对应着一个三联比。这样，我们就得到从 $B(O)$ 到全部三联比的集合的一个映射

$B(O) \rightarrow \{$ 全部三联比的集合 $\}$。

不难看出这是一个一一对应，这种对应关系就是 $B(O)$ 上的一个射影坐标系。显然，如果上面的仿射标架 $\{O; e_1,e_2,e_3\}$ 中的每个坐标向量都乘上同一个不为 0 的数，所决定的射影坐标系是一样的。

上面的射影坐标系有一个明显的问题：它依赖于普通空间的仿射标架。对于射影平面来说这是一种外在因素，向量不是中心直线把上的概念，更不能引入到扩大平面和其他形式的射影平面中去。我们需要建立用射影平面的内在因素来决定的射影坐标系。

定义 5-8：取定 $B(O)$ 中的 4 个点 l_1,l_2,l_3,l_4，使得其中任何 3 个都不共线（称这样的点组为一般位置点组），再取定空间非零向量 $e_4 \parallel l_4$，于是 e_4 可分解为分别平行于 l_1,l_2,l_3 的 3 个向量 e_1,e_2,e_3 之和，即 $e_1,e_2,e_3=e_4$。由于 l_1,l_2,l_3,l_4 是一般位置

点组，容易看出 e_1,e_2,e_3 是不共面的。于是得到一个仿射标架 $\{O；e_1,e_2,e_3\}$，从而得到 $B(O)$ 上的一个射影坐标系。这个坐标系与 e_4 的选择无关（因为当 e_4 改变时，即乘上一个非 0 常数时，e_1,e_2,e_3 中的每个都乘上这个数），也就是说，它完全由 l_1,l_2,l_3,l_4 所决定。称此射影坐标系为由 l_1,l_2,l_3,l_4 决定的射影坐标系。把 l_1,l_2,l_3,l_4 一起称为它的射影标架，记作 $\{l_1,l_2,l_3,l_4\}$。l_1,l_2,l_3,l_4 称为这个射影坐标系的基本点，其中 l_4 称为单位点。

不难看出，在这个射影标架所决定的射影坐标系中，l_1,l_2,l_3,l_4 的射影坐标依次为

$$\left\langle\begin{matrix}1\\0\\0\end{matrix}\right\rangle,\left\langle\begin{matrix}0\\1\\0\end{matrix}\right\rangle,\left\langle\begin{matrix}0\\0\\1\end{matrix}\right\rangle,\left\langle\begin{matrix}1\\1\\1\end{matrix}\right\rangle$$

当 $B(O)$ 中取定射影标架 $\{l_1,l_2,l_3,l_4\}$ 后，不仅它的点有射影坐标，它的线也有射影坐标。$B(O)$ 中的线对应着空间中过 O 点的一张平面，它在上述仿射标架 $\{O；e_1,e_2,e_3\}$ 中有一般方程

$$ax+by+cz=0,$$

把三联比 $\langle a,b,c\rangle$ 称为这条线关于射影标架 $\{l_1,l_2,l_3,l_4\}$ 的射影坐标。

于是，当在 $B(O)$ 中取定射影标架 $\{l_1,l_2,l_3,l_4\}$ 后，所得到的射影坐标系是两个一一对应：

（1）$B(O)$ 中的点集合到全部三联比集合的一一对应；

（2）$B(O)$ 中的线集合到全部三联比集合的一一对应。

下列结论都是容易推出的：

（1）如果一个点的坐标为 $\left\langle\begin{matrix}x\\y\\z\end{matrix}\right\rangle$，一条线的坐标为 $\langle a,b,c\rangle$，则

它们关联的充分必要条件为 $ax+by+cz=0$；

（2）如果三个点的坐标依次为

$$\left\langle \begin{matrix} x_1 \\ y_1 \\ z_1 \end{matrix} \right\rangle, \left\langle \begin{matrix} x_2 \\ y_2 \\ z_2 \end{matrix} \right\rangle \left\langle \begin{matrix} x_3 \\ y_3 \\ z_3 \end{matrix} \right\rangle$$

则这三个点共线的充分必要条件为

$$\begin{vmatrix} x_1 & x_2 & x_3 \\ y_1 & y_2 & y_3 \\ z_1 & z_2 & z_3 \end{vmatrix} = 0$$

（3）如果三条线的坐标依次为

$\langle a_1, b_1, c_1 \rangle$，$\langle a_2, b_2, c_2 \rangle$，$\langle a_3, b_3, c_3 \rangle$，

则这三条线共点的充分必要条件为

$$\begin{vmatrix} a_1 & b_1 & c_1 \\ a_2 & b_2 & c_2 \\ a_1 & b_2 & c_3 \end{vmatrix} = 0 \circ$$

（二）扩大平面上的射影坐标系

在扩大平面上建立射影坐标系的自然想法是通过它到某个中心直线把的射影这种一一对应来实现。设 A_1，A_2，A_3，A_4 是扩大平面 π_+ 上处于一般位置的 4 点，则 π_+ 到一个中心直线把 $B(O)$ 的射影把它们映为 $B(O)$ 的处于一般位置的 4 点 l_1, l_2, l_3, l_4，以 $\{l_1, l_2, l_3, l_4\}$ 为标架给出一一对应 $g: B(O) \to \{$ 全部三联比的集合 $\}$，π_+ 到 $B(O)$ 的射影 i 和这个一一对应的复合 $f = g \circ i$ 给出了 π_+ 到 $\{$ 全部三联比的集合 $\}$ 的一个一一对应，也就是 π_+ 上的一个射影坐标系。这里出现的一个自然的问题是：这个射影坐标系是否和 O 点的选择无关？这当然是我们希望看到的情形。

引理：设 $f: E^3 \to E^3$ 是一个空间仿射变换，$f(O) = O'$。l_1, l_2, l_3, l_4 是 $B(O)$ 的处于一般位置的 4 个点，记 $l_k' = f(l_k)$，$k = 1, 2, 3, 4$。则

（1）l_1', l_2', l_3', l_4' 也处于一般位置；

（2）$\forall l \in B(O)$，l 在 $\{l_1, l_2, l_3, l_4\}$ 中的坐标和 $B(O')$ 中 $f(l)$ 在 $\{l_1', l_2', l_3', l_4'\}$ 中的坐标相同。

证明：（1）的结论是显然的，只用证（2）。

取定空间非零向量 $e_k\{O; e_1, e_2, e_3\}l_k$，$k=1,2,3,4$，使得 $e_4=e_1+e_2+e_3$。于是得到一个仿射标架 $\{O; e_1, e_2, e_3\}$，则 $B（O）$ 的由 $[l_1, l_2, l_3, l_4]$ 以决定的射影坐标系就是用这个仿射标架给出的。记

$$e_k^{'} = f(e_k), k=1,2,3,4,$$

则 $e_k^{'} // l_k^{'}$，并且 $e_4^{'} = e_1^{'} + e_2^{'} + e_3^{'}$，从而 $B（O'）$ 的由 $[l_1^{'}, l_2^{'}, l_3^{'}, l_4^{'}]$ 决定的射影坐标系是由仿射标架 $[O'; e_1^{'}, e_2^{'}, e_3^{'}]$ 给出。设 $e // l$，则 $f(e) // f(l)$，并且 e 在 $[O; e_1, e_2, e_3]$ 的坐标与 $f(e)$ 在 $[O'; e_1^{'}, e_2^{'}, e_3^{'}]$ 的坐标相同，从而 l 在 $[l_1, l_2, l_3, l_4]$ 中的坐标和 $B（O'）$ 中 $f(l)$ 在 $[l_1^{'}, l_2^{'}, l_3^{'}, l_4^{'}]$ 中的坐标相同。

现在我们可以对上面提出的问题给出肯定的回答。如果 O 和 O' 是空间中不在 π 上的两个点。作空间的仿射变换 f，使得 π 上的每一点都不动，$f(O)=O'$。记 i，i' 分别为 π_+ 到 $B（O）$ 和 π_+ 到 $B（O'）$ 的射影，则对于 π_+ 上的每一点 P，$F(i'(P))=i'(P)$。记

$$l_k = i(A_k)，\quad l_k^{'} = i'(A_k)，\quad k=1,2,3,4,\ldots。$$

于是 $l_k^{'} = f(l_k)$，$k=1,2,3,4,\ldots$，从而 $i(P)$ 在 $\{l_1, l_2, l_3, l_4\}$ 中的坐标和 $i'(P)$ 在 $\{l_1, l_2, l_3, l_4\}$ 中的坐标相同。

定义 5-9：设 A_1, A_2, A_3, A_4 是扩大平面 π_+ 上处于一般位置的 4 点，取 O 点不在 π 上，设 l_1, l_2, l_3, l_4 依次是 A_1, A_2, A_3, A_4 在射影 $i: \pi_+ \to B（O）$ 下的像，规定 $\pi_+ \to \{$全部三联比的集合$\}$ 的一一对应如下：$\forall A \in \pi_+$，让 A 对应到 $i(A)$ 在 $\{l_1, l_2, l_3, l_4\}$ 中的坐标。称这个对应为 π_+ 上由 A_1, A_2, A_3, A_4 所决定的射影坐标系，称点组 A_1, A_2, A_3, A_4 为这个射影坐标系的射影标架，记作 $\{A_1, A_2, A_3, A_4\}$。都称为这个射影坐标系的基本点，其中 A_4 称为单位点。

在 π_+ 上取定一个射影坐标系后，不仅点有坐标，线也有坐标，并且在中心直线把上射影坐标所具有的三个性质也都成立。这些结论都是自然的，这里不再赘述。

扩大平面上射影坐标系定义的方式使得射影、截影和中心投影都是保持射影坐标不变的，即它们都把射影标架变为射影标架，并且对应点和线在对应的射影标架下的射影坐标相同。

（三）扩大平面上的仿射 – 射影坐标系

在平面 π_+ 上取定一个仿射坐标系 $I=\{O;\ e_1,e_2\}$，就可用它决定 π_+ 上的一个射影坐标系。方法如下：记 A_1，A_2 分别是 I 的两个坐标向量 e_1,e_2 所代表的无穷远点，D 是仿射坐标为（1，1）的普通点，则 A_1,A_2,O_0,D 是扩大平面 π_+ 上处于一般位置的 4 点，决定了 π_+ 上的一个射影坐标系 J，称为由仿射坐标系 I 决定的仿射 – 射影坐标系. 常常以 I–J 来表示这个坐标系。

下面我们求在这个仿射 – 射影坐标系中点和线的坐标。取定不在 π 上的点 O, 设 l_1,l_2,l_3,l_4 依次是 A_1,A_2,O_0,D 在射影 $i:\ \pi_+ \to B(O)$ 下的像。记 $e_3= \overrightarrow{OO_0}$，$e_4= \overrightarrow{OD}$，则 $e_4=e_1+e_2+e_3$，从而由 $[l_1,l_2,l_3,l_4]$ 决定的 $B(O)$ 中的射影坐标系就是用仿射标架 $\{O;\ e_1,e_2\}$ 所规定的。

设 P 是 π_+ 上的普通点，它在 I 中的仿射坐标为 (x,y)，则向量 $\overrightarrow{OP}$ 平行于 $B(O)$ 中的元素 OP，并且

$$\overrightarrow{OP} = \overrightarrow{OO_0} + \overrightarrow{O_0P} = xe_1 + ye_2 + e_3,$$

于是 P 在 J 中的射影坐标为 $<x,y,1>$。

如果 P 是 π_+ 上的由非零向量 $\alpha(x,y)$ 代表的无穷远点，则 α 平行于 $B(O)$ 中元素 OP，又

$$\alpha=xe_1+ye_2$$

于是 P 在 J 中的射影坐标为 $<x,y,0^T>$。

这样，在仿射 – 射影坐标系中普通点和无穷远点在坐标上就有明显的区别：看第三个坐标是否为 0。

由点的坐标的情况，可以得到线的坐标。π 上的直线如果在 I 中的方程为

$$ax+by+c=0$$

则由它扩大成的 π_+ 的线在 J 中的射影坐标为 $<a,b,c>$；无穷远线的坐标为 $<0,0,1>$。无穷远线和普通线也在坐标上明显区别了（看前两个坐标是否都为 0）。

（四）射影坐标的应用

和解析几何、仿射几何一样，射影坐标的引入使得射影几何学中的许多计算和证明问题可以通过坐标的方法来解决。仿射几何学中只涉及点的共线问题和线

的共点问题，现在有了仿射坐标后，这两个问题都可用计算三阶行列式来解决。于是，仿射几何学中的那些复杂的证明题就可转化为计算问题了。例如德扎格定理、帕普斯定理等都可以通过射影坐标的计算来验证，这实际上已变成计算问题了。

先给出点和线的射影坐标的计算中的一般规律。

设两点 P，Q 在一个射影坐标系中的射影坐标分别为

$$\left\langle \begin{matrix} x_1 \\ y_1 \\ z_1 \end{matrix} \right\rangle, \quad \left\langle \begin{matrix} x_2 \\ y_2 \\ z_3 \end{matrix} \right\rangle$$

则它们决定的直线（记作 PQ）的坐标为

$$\left\langle \begin{vmatrix} y_1 & y_2 \\ z_1 & z_2 \end{vmatrix}, \begin{vmatrix} z_1 & z_2 \\ x_1 & x_2 \end{vmatrix}, \begin{vmatrix} x_1 & x_2 \\ y_1 & y_2 \end{vmatrix} \right\rangle,$$

直线 PQ 上的点的坐标的一般形式为

$$\left\langle \lambda \begin{bmatrix} x_1 \\ y_1 \\ z_1 \end{bmatrix} + \mu \begin{bmatrix} x_2 \\ y_2 \\ z_2 \end{bmatrix} \right\rangle$$

其中 λ，μ 是不全为 0 的实数。

已知两条线的射影坐标，求它们交点的坐标以及过交点的其他线的坐标的一般形式也有类似的结果。

（五）对偶原理

对偶原理是射影几何学中的一个深刻而重要的思想。作为原理，它不是论证的结果。但是它的形式的抽象性使得初学者不容易领悟和接受，为此我们到现在才介绍它。

在射影平面上点和线的相互关系有完全的对称性，也就是说它们在逻辑上处于平等的地位。把射影平面上点和线的这种平等的关系称为对偶关系。

如果把几何图形中的点换成线，线换成点，则得到另一种图形，我们把它称为原图形的对偶图形。例如共线点列的对偶图形是共点线束；三角形的对偶图形是三边形，还是它自己。

对于射影几何学中的一个命题，如果把条件和结论中的点换成线，线换成点，

则得到另一个命题，称为原命题的对偶命题。

例如，帕普斯定理的对偶命题为：

设 l_1, l_2, l_3 和 l_1', l_2', l_3' 都是共点线组。记 A 是线 l_1 和 l_1' 的交点，A' 是 l_1' 和 l_2 的交点；B 是 l_1 和 l_3' 的交点，B' 是 l_1' 和 l_3 的交点，C 是 l_2 和 l_3' 的交点；C' 是 l_2' 和 l_3 的交点，则线 AA'，BB'，CC' 共点（图 5–10）。

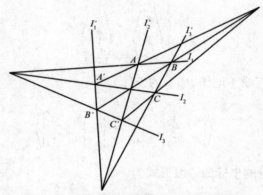

图 5–10　帕普斯定理的对偶命题图例

对偶原理：在射影几何学中，一个命题成立的充分必要条件是其对偶命题成立。

对偶原理的根据就是点线的对偶关系。我们也可以从点与线的射影坐标在形式上的一致性，以及判别点的共线和线的共点在代数形式上的一致性去领悟。这种一致性使得当用射影坐标来证明一个命题和证明它的对偶命题时，在代数上是完全一样的。

还有一个帮助理解对偶原理的事实是：存在射影平面上的点集到线集的保持关联关系的一一对应。建立这种一一对应的方法很多，例如在中心直线把上，每个"点"即过把心的直线，它决定过把心的与它垂直的平面，即一"线"，这样得到的从中心直线把的"点"集到"线"集的映射 φ 就是一个一一对应关系，并且如果原来"点" P 和"线" l 关联，则"线" $\varphi(P)$ 和"点" $\varphi^{-1}(l)$ 也关联。以后还可用非退化二次曲线的配极映射来建立这种一一对应。

当有了射影平面上的一个点集与线集之间的保持关联关系的一一对应 P 后，对每个命题的条件和结论中的点用它的 P 像替代，线用它的 φ 像替代；将叙述中的"共线"换成"共点","共点"换成"共线",则即转换成一个新命题，它是原命题的对偶命题。由于 φ 是保持关联关系的，因此这个新命题与原命题同时成立或同时不成立。

第三节 射影坐标变换与射影变换

仿射几何学中有两种重要的变换：坐标变换和仿射变换，在射影几何学中同样有类似的两种变换，在射影几何学里对这两类变换的讨论当然有其本身的特殊之处，但是无论是问题的提出，还是讨论的方法，以及结论，都和仿射几何学中大致上平行，许多结果还是由仿射几何学的结果演变来的，容易理解，也好记忆，因此，把这两块内容压缩在一节中来介绍。

一、射影坐标变换

以下讨论的问题是：在一个射影平面上的两个射影坐标系中，同一点（线）的射影坐标满足什么关系？

命题5-7：设 J 和 J' 是同一射影平面上的两个射影坐标系，则

（1）存在三阶可逆矩阵 H，使得对每一点 P，有

$$<(x,y,z)^T >=< H(x',y,z)^T >，（5-9）$$

这里 $\langle (x,y,z)^T \rangle$ 和 $\langle x', y', z')^T \rangle$ 分别是 P 在 J 和 J' 中的射影坐标。

（2）对每一点 P 都满足上述关系式的矩阵虽然不是惟一的，但它们互相只差一个非 0 常数倍。

证明：只用在把 $B(O)$ 上证明。

（1）设 J 和 J' 这两个射影坐标系分别由仿射标架，$I[[O;e_1,e_2,e_3]]$ 和 $I'=[O';e_1',e_2',e_3']$ 所决定，记 H 是 I 到 I' 的过渡矩阵。设 $\langle (x, y,z) \rangle$ 和 $\langle (x', y',z') \rangle$ 分别是 P 在 J 和 J' 中的射影坐标，则向量

$$\alpha = xe_1 + ye_2 + ze_e, \alpha' = x\ e_1 + y\ e_2 + z\ e_e,$$

都平行于 P（它是过 O 点的直线），而 α 和 α' 在 I 中的坐标分别为 (x, y,z)

^{T} 和 $H(x',y',\ z')$，它们相差非零常数倍，即

$$\langle (x,y,z) = (H(x',y,z) \rangle$$

（2）记 J' 的射影标架为 $[P_1,P_2,P_3,P_4]$，取定 3 维（代数）向量

$$\alpha_i = (x_i, +y_i + z_i)\,, i=1,2,3,4,\dots$$

使得 P_i 在 J 中的射影坐标为 $\langle (x_i,y_i,\ z_i)\rangle$，因为 P_1，P_2，P_3 不共线，所以 $\alpha_1,\alpha_2,\alpha_3$ 线性无关，从而 α_4 对它们有位唯一分解式

$$\alpha_4 = c_1\alpha_1 + c_2\alpha_2 + c_3\alpha_3$$

以 $c_1\alpha_1, c_2\alpha_2, c_3\alpha_3$ 为列向量，构造 3 阶矩阵

$$H_0 = (c_1\alpha_1 + c_2\alpha_2 + c_3\alpha_3)$$

下面说明当 3 阶矩阵 $H=(\eta_1,\ \eta_2,\ \eta_3)$ 满足（1）中的要求时，它一定是 H_0 的非零常数倍，从而完成（2）的证明。

对 P_1 用（5-9），得到

$$\langle (x_i,y_i,z_i) > = < H(1,0,0) > = < \eta_1 \rangle$$

从而 $\alpha_1 /\!/ \eta_1$. 同理，

$$\alpha_1 /\!/ \eta_1,\ \alpha_3 /\!/ \eta_3,\ \alpha_4 /\!/ (\eta_1+\eta_2+\eta_3)$$

设

$$\eta_1 = \lambda_1\alpha_1,\ \eta_2 = \lambda_2\alpha_2,\ \eta_3 = \lambda_3\alpha_3$$

$$\alpha_4 /\!/ (\eta_1+\eta_2+\eta_3) = \lambda\alpha_4,$$

则 λ_i 和 λ 都不为 0, 并且

$$\lambda_1\alpha_1 + \lambda_2\alpha_2 + \lambda_3\alpha_3 = \eta_1 + \eta_2 + \eta_3 = \lambda\alpha_4$$
$$= \lambda(c_1\alpha_1 + c_2\alpha_2 + c_3\alpha_3)$$

再利用 $\alpha_1+\alpha_2+\alpha_3$ 线性无关，得到 $\lambda_i=\lambda_{C_i}, i=1,2,3,\dots$ 于是

$$H = (\eta_1, \eta_2, \eta_3) = (\lambda c_1\alpha_1, \lambda c_2\alpha_2, \lambda c_3\alpha_3)$$
$$= \lambda(c_1\alpha_1, c_2\alpha_2, c_3\alpha_3) = \lambda H_0.$$

称满足上述要求的矩阵 H 为 J 到 J' 的过渡矩阵，过渡矩阵虽然不是唯一的，但它互相只差一个非零常数倍。

请读者注意：在（2）的证明中，还给出了，当知道 J' 的基本点在 J 中的坐标的情况下，求 J 到 J' 的过渡矩阵的办法。

公式（5–9）称为从 J 到 J' 的点的射影坐标变换公式。

二、射影映射和射影变换

从一个射影平面到另一个射影平面的一个一一对应，如果把共线点变为共线点，就称为一个射影映射；一个射影平面到自身的射影映射称为射影变换。

和仿射几何学中一样，不难证明，射影映射把不共线点变为不共线点，并且从而把线变为线。也就是说，射影映射保持线结构，它同时给出了点的一一对应和线的一一对应，并且保持点线关联关系。

按照定义，扩大平面到中心直线把的射影，以及中心直线把到扩大平面的截影都是射影映射，一个扩大平面到另一个扩大平面的中心投影也是射影映射。下面再列举出几类射影映射和射影变换：

（1）空间的一个仿射变换 f 导出 $B(O)$ 到 $B(f(O))$ 的射影映射，显然 f 把经过 O 的直线变为经过 $f(O)$ 的直线，从而导出 $B(O)$ 到 $B(f(O))$ 的一个映射 σf 的可逆性说明 σ 是一一对应的；又 f 把平面变为平面，从而共面的直线的像仍然共面，即 σ 保持共线性。

（2）扩大平面上的仿射 – 射影变换，设 f 是平面 π 上的一个仿射变换，则 f 决定扩大平面 π_+ 上的一个射影变换 σ 如下：如果 P 是普通点，则规定

$$\sigma(P) = f(P);$$

如果 P 是由 α 决定的无穷远点，则规定 $\sigma(P)$ 为由 $f(\alpha)$ 决定的无穷远点，请读者自己验证 σ 是一一对应的，并且把共线点变为共线点，从而确实是 π_+ 上的一个射影变换，它把普通点变为普通点，无穷远点变为无穷远点。

如果扩大平面 π_+ 上的一个射影变换 σ 把普通点变为普通点，无穷远点变为无穷远点，则称为 π_+ 上的一个仿射 – 射影变换。

上面用仿射变换扩大得到的射影变换就是一个仿射－射影变换。反之，每个仿射－射影变换 σ 在 π 上的限制 $\sigma|\pi: \pi \to \pi$ 总是一个仿射变换，而 σ 就是仿射变换 $\sigma|\pi: \pi \to \pi$ 扩大而得到的射影变换。

（3）当两个射影平面 P 和 P' 上分别取定了射影坐标系 J，J' 后，规定映射 $\sigma: P \to P'$ 如下：对于射影平面 P 上的任意点 M，使得它的像点 $\sigma(M)$ 在 J' 中的坐标和 M 在 J 中的坐标是一样的，容易看出，σ 是一个射影映射。

三、射影映射基本定理

（射影映射基本定理）当在两个射影平面 P 和 P' 上各自取定了射影坐标系

$$J(A_1, A_2, A_3, A_4) , J(A_1', A_2', A_3', A_4')$$

后，存在惟一射影映射 $\sigma \to P \to P'$ 把 J 变为 J'，即

$$\sigma(A_i) = A_i' , i=1,2, 3,4$$

证明：存在性在上面的（3）中已经说明。证明惟一性之前先证明下面的引理。

引理：如果 J 和 J' 是扩大平面 π_+ 上分别由仿射标架为 $I[O; e_1, e_2]$ 和 $I'[O'; e_1', e_2']$ 决定的两个仿射－射影坐标系，σ 是一个把 J 变为 J' 的射影映射，则：

（1）σ 是仿射－射影变换。

（2）$\sigma|\pi$ 把 I 变为 I'。

（3）这样的 σ 是惟唯一的。

证明：设 J 和 J' 的射影标架分别为 $\{A_1, A_2, O, D\}$ 和 $[A_1', A_2', O, D]$。

（1）$\sigma(A_i = A_i', i=1,2,\ldots$，这里 A_1, A_2 是无穷远线上的两点，它们的 σ 像点 A_1', A_2' 也在无穷远线上，从而 σ 把 π_+ 上的无穷远线变为无穷远线。这说明 σ 是一个仿射－射影变换。

（2）记 $f = \sigma|\pi: \pi \to \pi$，则 $f(O) = O'$，并且 $f(e_i)$ 平行于 e_i'，$i=1,2$。设 $f(e_i) = c_i e_i'$，$i=1,2,\ldots$。由于 $f(D) = D'$，从而 $f(\overrightarrow{OD}) = \overrightarrow{O'D'}$，于是

$$c_1 e_1' + c_2 e_2' = f(e_1 + e_2) = f(\overrightarrow{OD}) = \overrightarrow{O'D'} = e_1' + e_2' 。$$

从而 $c_1 = c_2 = 1$，$f(e_i) = e_i'$，$i=1,2,\ldots$ 这即说明了 f 把 I 变为 I'。

（3）由（2）得出。

现在回到基本定理惟一性部分的证明，用反证法。如果从 P 到 P' 有两个不

同的射影映射 σ_1，σ_2，满足

$$\sigma_1(A_i)=\sigma_2(A_i)=A_i'，\quad i=1,2,3,4$$

设 J_0 和 J_0' 是扩大平面 π 上的两个仿射–射影坐标系，记 σ 是 π_+ 到 P 的一个射影映射，它把 J_0 变为 J，σ' 是 P' 到 π_+ 的一个射影映射，它把 J' 变为 J_0'，则 $\sigma'\circ\sigma_1\quad\sigma$ 和 $\sigma'\circ\sigma_2\quad\sigma$ 是 π_+ 上把 J_0 变为 J_0' 的两个不同的射影变换，这和引理的结论矛盾。

四、射影变换公式和变换矩阵

设 σ 是射影平面上的一个射影变换，J 是一个射影坐标系。下面讨论点 P 和它的像点 $P(\sigma)$ 在 J 中坐标之间的关系。记 $J'=\sigma(J)$。又设 H 为 J 到 J' 的过渡矩阵。则如果 P 在 J 中的坐标为 $\langle x,y,z\rangle$，那么 $P(\sigma)$ 在 J' 中的坐标也是 $\langle x,y,z\rangle$。于是根据坐标变换的公式，$P(\sigma)$ 在 J 中的坐标 $\left\langle\left(x',y',z'\right)^T\right\rangle$ 满足关系式

$$\left\langle\left(x,y,z\right)^T\right\rangle=\left\langle H\left(x,y,z\right)^T\right\rangle。$$

设线 l 在 J 中的坐标为 $\langle a,b,c\rangle$，则 $l(\sigma)$ 在 J' 中的坐标也是 $\langle a,b,c\rangle$，于是 $l(\sigma)$ 在 J 中的坐标 $\langle a',b',c'\rangle$ 满足关系式

$$\langle a,b,c\rangle=\langle(a',b',c')H\rangle$$

上面两个公式分别称为射影变换 σ 在射影坐标 J 中点和线的变换公式。它们在形式上和坐标变换公式一样，但请注意，它们意义上的差别：这两个公式中出现的坐标是点（或线）及其像在同一坐标系中的坐标（而不是同一点在不同坐标系中的坐标）。

称公式中出现的矩阵 H 为 σ 在坐标系 J 中的变换矩阵，它也就是 J 到 $\sigma(J)$ 的过渡矩阵。请注意，变换矩阵不仅和变换本身有关系，还和坐标系有关。

仿射变换的变换矩阵所具有的性质对于射影变换的变换矩阵也都是成立的，即有：

（1）如果 G 是射影变换 σ 在射影坐标系 J 中的变换矩阵，则 G^{-1} 是 σ^{-1} 在 J 中的变换矩阵；

（2）如果 G_1 和 G_2 分别是 σ_1 和 σ_2 在射影坐标系中的变换矩阵，则 G_2G_1 是 $\sigma_2\sigma_1$ 在 J 中的变换矩阵；

（3）如果 G 是射影变换 σ 在射影坐标系 J 中的变换矩阵，H 为 J 到 J' 的过渡矩阵，则 σ 在 J' 中的变换矩阵为 $H^{-1}GH$。

这些性质的证明和仿射几何中类似，甚至可以用仿射几何中的相应性质推出，这里从略。

第四节　二次曲线的射影理论

一、射影平面上的二次曲线及其矩阵

类似于在欧氏几何学、仿射几何学中，图形在坐标系中都具有方程一样的性质，当取定了射影坐标系后，射影平面上的图形也具有方程，即图形上的点的坐标所要满足的方程。由于射影坐标是三联比的形式，相应的方程一定是齐次的形式，即如果 (x,y,z) 满足方程，则对于任何不为 0 的数 λ，$(\lambda x,\lambda y,\lambda z)$ 一定也满足该方程。反之，一个齐次方程在取定了射影坐标系的射影平面上有图形，即该图形是以满足此齐次方程的三联比为坐标的全体点的集合。例如一个一次齐次方程

$$ax + by + cz = 0$$

其图形就是以 (x,y,z) 为坐标的线。

我们把一个二次齐次方程

$$a_{11}x^2 + a_{22}y^2 + a_{33}z^2 + 2a_{12}xy + 2a_{13}xz + 2a_{23}yz = 0 \quad（5\text{--}11）$$

在一个射影坐标系中的图形 Γ 称为射影平面上的二次曲线。

首先来考查射影平面上的二次曲线和普通平面上的二次曲线的关系。

在扩大平面 π_+ 上的一个仿射 – 射影坐标系 I–J 中，我们来看二次齐次方程 $a_{11}x^2 + a_{22}y^2 + a_{33}z^2 + 2a_{12}xy + 2a_{13}xz + 2a_{23}yz = 0$ 的图形。一个在 I 中的仿射坐标为 (x,y) 的普通点（它的射影坐标为 $\langle x,y,\,1 \rangle$ 位于（5–11）的图形 Γ 上，也就是满足

$$a_{11}x^2 + a_{22}y^2 + 2a_{12}xy + 2a_{13}x + 2a_{23}y + a_{33} = 0 \quad（5\text{--}12）$$

当 a_{11}, a_{22}, a_{12} 不全为 0 时，（5–12）是 π 上的一条普通二次曲线 Γ_0。

一个由仿射坐标为 (x, y) 的非零向量所代表的无穷远点在（5–11）的图形上，也就是

$$a_{11}x^2 + a_{22}y^2 + 2a_{12}xy = 0$$

即它代表了 Γ_0 的一个渐近方向。于是（5–11）的图形 Γ 就是 π 上的普通二次曲线 Γ_0 再加上它的由渐近方向所代表的无穷远点。由此可以看出，扩大平面上的二次曲线和普通平面上的二次曲线的密切联系。

但是扩大平面上的二次曲线并不全是由普通平面上的二次曲线"扩大"而得到的，还要包含一些其他情形。例如当 a_{11}, a_{22}, a_{12} 全为 0，但是 a_{13}, a_{23} 不全为 0 时，（5–11）的图形由坐标为（$2a_{13}, 2a_{23}, a_{33}$）的线和无穷远线构成；如果 $a_{11}, a_{22}, a_{12}, a_{13}, a_{23}$ 全为 0，a_{33} 不为 0 时，（5–11）的图形就是无穷远线。

（5–11）式等号左边的二次齐次多项式可以用矩阵乘积的形式写出

$$a_{11}x^2 + a_{22}y^2 + a_{33}z^2 + 2a_{12}xy + 2a_{13}xz + 2a_{23}yz$$

$$= (x, y, z) \begin{bmatrix} a_{11} & a_{12} & a_{13} \\ a_{12} & a_{22} & a_{23} \\ a_{13} & a_{23} & a_{33} \end{bmatrix} \begin{bmatrix} x \\ y \\ z \end{bmatrix}$$

记

$$X = (x, y, z)$$

$$A = \begin{bmatrix} a_{11} & a_{12} & a_{13} \\ a_{12} & a_{22} & a_{23} \\ a_{13} & a_{23} & a_{33} \end{bmatrix}$$

则（5–1）可以简单地写成

$$X'AX = 0$$

A 是一个对称矩阵，它和（5–12）式等号左边的多项式是互相决定的，我们称 A 为 Γ 在 J 中的矩阵。

由于把（5-11）式等号左边的多项式乘上一个不为 0 的常数时，图形不变，由此当 A 乘上一个不为 0 的常数时也是同一个二次曲线的矩阵。因此，二次曲线（在同一个射影坐标系中）的矩阵不是唯一的，但是它们只是相差一个不为 0 的倍数。

引进二次曲线的矩阵的概念使得我们可以利用代数工具来研究二次曲线。但是，二次曲线的矩阵不仅和曲线本身有关，还和射影坐标系有关。

命题 5-8：如果 J 和 J' 是同一个射影平面的两个射影坐标系，J 到 J' 的过渡矩阵为 H。又设 A 为二次曲线 Γ 在 J 中的矩阵，则 $H'AH$ 为 Γ 在 J' 中的矩阵。

证明：设射影平面上的一点 P 在 J' 中的坐标为

$$\langle X' \rangle = \left\langle \begin{matrix} x \\ y \\ z \end{matrix} \right\rangle$$

则 P 在 J 中的坐标为

$$\langle X \rangle = \langle HX' \rangle$$

于是

$$P\text{在二次曲线上} \quad \Leftrightarrow X^T A X = 0$$
$$\Leftrightarrow X^T H^T A H X' = 0$$

这里 $H'AH$ 是对称矩阵，因此它是二次曲线在 J' 中的矩阵。

二、二次曲线的射影分类

类似于仿射几何中对几何图形的仿射分类，可规定射影平面上的图形的射影分类。下面我们只讨论二次曲线的射影分类问题。

定义 5.11：设 Γ 和 Γ' 是同一个射影平面上的两条二次曲线，如果存在一个射影变换 σ，使得

$$\sigma(\Gamma) = \Gamma'$$

则称 Γ 和 Γ' 射影等价。

设 A 是 Γ 在一个射影坐标系 J 中的矩阵，$\Gamma' = \sigma(\Gamma)$。记

$$J' = \sigma(J)$$

则 A 也是 Γ' 在 J' 中的矩阵。根据命题 5.8，$(H^{-1})\,' AH^{-1}$ 是 Γ' 在 J 中的矩阵（这里 H 是 J 到 J' 的过渡矩阵）。由此我们得到用矩阵来判断二次曲线射影等价的法则。

命题 5-9：如果两条二次曲线 Γ_1 和 Γ_2 在某个射影坐标系中的矩阵分别为 A_2 和 A_2，则 Γ_1 和 Γ_2 射影等价的充分必要条件为 A_1 和 $\pm A_2$ 合同。

证明：根据上面的讨论，Γ_1 和 Γ_2 射影等价的充分必要条件为：存在不为 0 的常数 c，使得 A_1 和 cA_2 合同。当 $c > 0$ 时，cA_2 合同于 A_2，当 $c < 0$ 时，cA_2 合同于 $-A_2$。

根据代数学的合同等价的理论，三阶实对称矩阵的合同等价类共有 10 个，它们可分别用下面 10 个矩阵代表：

$$(1)\begin{bmatrix} 1 & 0 & 0 \\ 0 & 1 & 0 \\ 0 & 0 & 1 \end{bmatrix} \quad (2)\begin{bmatrix} 1 & 0 & 0 \\ 0 & 1 & 0 \\ 0 & 0 & -1 \end{bmatrix}$$

$$(3)\begin{bmatrix} 1 & 0 & 0 \\ 0 & -1 & 0 \\ 0 & 0 & -1 \end{bmatrix} \quad (4)\begin{bmatrix} -1 & 0 & 0 \\ 0 & -1 & 0 \\ 0 & 0 & -1 \end{bmatrix}$$

$$(5)\begin{bmatrix} 1 & 0 & 0 \\ 0 & 1 & 0 \\ 0 & 0 & 0 \end{bmatrix} \quad (6)\begin{bmatrix} 1 & 0 & 0 \\ 0 & -1 & 0 \\ 0 & 0 & 0 \end{bmatrix}$$

$$(7)\begin{bmatrix} -1 & 0 & 0 \\ 0 & -1 & 0 \\ 0 & 0 & 0 \end{bmatrix} \quad (8)\begin{bmatrix} 1 & 0 & 0 \\ 0 & 0 & 0 \\ 0 & 0 & 0 \end{bmatrix}$$

$$(9)\begin{bmatrix} -1 & 0 & 0 \\ 0 & 0 & 0 \\ 0 & 0 & 0 \end{bmatrix} \quad (10)\begin{bmatrix} 0 & 0 & 0 \\ 0 & 0 & 0 \\ 0 & 0 & 0 \end{bmatrix}$$

其中，（10）不是二次曲线的矩阵；（1）和（4）表示的是二次曲线同类，图形是空集；（2）和（3）表示的是二次曲线等价；（5）和（7）表示的是二次曲线等价；（8）和（9）表示的是二次曲线等价。于是图形不是空集的二次曲线只有 4 个等价类型，它们的代表依次为：

$$x^2 + y^2 - z^2 = 0 \qquad 圆锥曲线（或称非退化二次起曲线）$$
$$x^2 + y^2 = 0 \qquad 一点$$
$$x^2 - y^2 = 0 \qquad 二条直线$$
$$x^2 = 0 \qquad 一条直线$$

请注意，椭圆、双曲线、抛物线（它们的矩阵都可逆）都属于圆锥曲线这个等价类，也就是说，在射影几何学中它们是等价的。下面我们来讨论圆锥曲线的射影理论。

三、两点关于圆锥曲线的共轭关系

从方程和图形都容易看出，在圆锥曲线上，是不存在整条线的。

从几何直观容易看出，不在一条圆锥曲线 Γ 上的点可以有两种情况：

（1）过这个点的每一条线都和 Γ 相交于两个点，称这种点在 Γ 的内部；

（2）存在过这个点的线，它和 Γ 没有交点，称这种点在 Γ 的外部。

现在设 Γ 是一条圆锥曲线，A 是它在射影坐标系 J 中的矩阵，点 P，Q 在 J 中的坐标分别为

$$\left\langle \begin{matrix} p_1 \\ p_2 \\ p_3 \end{matrix} \right\rangle \quad 和 \quad \left\langle \begin{matrix} q_1 \\ q_2 \\ q_3 \end{matrix} \right\rangle$$

定义 5.12：如果

$$(p_1, p_2, p_2) A \begin{bmatrix} q_1 \\ q_2 \\ q_3 \end{bmatrix} = 0 \qquad （5-13）$$

则称 P，Q 关于 Γ 调和共轭。

这个定义虽然是通过在一个射影坐标系 J 中 Γ 的矩阵 A，以及点 P 和 Q 的坐标规定的，实际上调和共轭与射影坐标系的选择无关，是由 Γ 和 P，Q 所决定的。设 J' 是另一个射影坐标系，H 是 J 到 J' 的过渡矩阵，则 $H'AH$ 是 Γ 在 J' 中的矩阵，而 P，Q 在 J' 中的坐标分别为

$$\left\langle H^{-1} \begin{bmatrix} p_1 \\ p_2 \\ p_3 \end{bmatrix} \right\rangle \quad 和 \quad \left\langle H^{-1} \begin{bmatrix} q_1 \\ q_2 \\ q_3 \end{bmatrix} \right\rangle$$

于是

$$\left(p_1, p_2, p_2\right)\left(H^{-1}\right)^T H^T A H H^{-1}\begin{bmatrix} q_1 \\ q_2 \\ q_3 \end{bmatrix} = \left(p_1, p_2, p_2\right) A \begin{bmatrix} q_1 \\ q_2 \\ q_3 \end{bmatrix}$$

即（5-13）式等号左边的算式的值与坐标系的选择无关。

根据定义 5-12，如果一个点与它自己关于 Γ 调和共轭，则该点在 Γ 上。

下面的命题表明了调和共轭的几何意义。

命题 5-10：如果两个不同点 P，Q 都不在 Γ 上，并且它们决定的线和 Γ 相交于两点 R，S，则 P，Q 关于 Γ 调和共轭的充分必要条件为 P，Q，R，S 为调和点列。

证明：设在射影坐标系 J 中，A 是 Γ 的矩阵。点 P，Q 坐标分别为

$$\left\langle \begin{matrix} p_1 \\ p_2 \\ p_3 \end{matrix} \right\rangle \quad 和 \quad \left\langle \begin{matrix} q_1 \\ q_2 \\ q_3 \end{matrix} \right\rangle$$

则 R，S 的坐标可分别表示为

$$\left\langle \begin{matrix} t_1 p_1 + q_1 \\ t_1 p_2 + q_2 \\ t_1 p_3 + q_3 \end{matrix} \right\rangle \quad 和 \quad \left\langle \begin{matrix} t_2 p_1 + q_1 \\ t_2 p_2 + q_2 \\ t_2 p_3 + q_3 \end{matrix} \right\rangle$$

因为 R，S 都在 Γ 上，所以

$$\left(t_i p_1 + q_1, t_i p_2 + q_2, t_i p_3 + q_3\right) A \begin{bmatrix} t_i p_1 + q_1 \\ t_i p_2 + q_2 \\ t_i p_3 + q_3 \end{bmatrix} = 0 \quad i = 1, 2, \ldots$$

即 t_1 和 t_2 是二次方程

$$\left(p_1, p_2, p_3\right) A \begin{bmatrix} p_1 \\ p_2 \\ p_3 \end{bmatrix} t^2 + 2\left(p_1, p_2, p_3\right) A \begin{bmatrix} q_1 \\ q_2 \\ q_3 \end{bmatrix} t + \left(q_1, q_2, q_3\right) A \begin{bmatrix} q_1 \\ q_2 \\ q_3 \end{bmatrix} = 0 \quad （5-14）$$

的两个解。用射影坐标计算交比，得到 $(P, Q, R, S) = t_2 / t_1$

于是

$$P, Q \text{关于} \Gamma \text{调和车轭} \Leftrightarrow (\mathrm{p}_1, \mathrm{p}_2, \mathrm{p}_3) A \begin{bmatrix} q_1 \\ q_2 \\ q \end{bmatrix} = 0$$

$$\Leftrightarrow t_1 + t_2 = 0$$

$$\Leftrightarrow (P, Q, R, S) = -1$$

如果 Γ 是扩大平面上的圆锥曲线，并且它在普通平面上的部分是一条中心型二次曲线（椭圆或双曲线），利用这个命题可以推出：中心与每个无穷远点都关于 Γ 调和共轭。

命题 5-11：圆锥曲线 Γ 上的两个不同点不会关于　调和共轭。

证明：设 P，Q 是 Γ 上的两个不同点，坐标分别为

$$\left\langle \begin{matrix} p_1 \\ p_2 \\ p_3 \end{matrix} \right\rangle \text{ 和 } \left\langle \begin{matrix} q_1 \\ q_2 \\ q_3 \end{matrix} \right\rangle$$

则 P，Q 决定的线上的点（除了 P 点外）的坐标可表示为

$$\left\langle \begin{matrix} tp_1 + q_1 \\ tp_2 + q_2 \\ tp_3 + q_3 \end{matrix} \right\rangle$$

的形式，它在 Γ 上的条件是 t 是（5-14）的解。由于 P，Q 在 Γ 上，（5-14）的二次项系数和常数项都是 0，于是一次项系数不为 0（否则 P，Q 决定的线在 Γ 上），也就是

$$(p_1, p_2, p_3) A \begin{bmatrix} q_1 \\ q_2 \\ q \end{bmatrix} \neq 0$$

即 P，Q 关于 Γ 不调和共轭。

四、配极映射

当射影平面上取定了一条圆锥曲线 Γ 后，可以利用它规定这个射影平面的点

集合到线集合的一个一一对应关系。

对于射影平面上的每个点 P，全部和 P 关于 Γ 调和共轭的点构成一条线，这一点容易用坐标看出：设 A 是 Γ 在射影坐标系 J 中的矩阵，点 P 在 J 中的坐标为

$$\left\langle \begin{matrix} p_1 \\ p_2 \\ p_3 \end{matrix} \right\rangle$$

则从调和共轭的定义可以看出，点 Q 和 P 关于 Γ 调和共轭，即 Q 在线 $\langle (p_1, p_2, p_3) A \rangle$ 上。也就是说，全部和 P 关于 Γ 调和共轭的点构成线 $\langle (p_1, p_2, p_3) A \rangle$。

定义 5-13：称全部和 P 关于 Γ 调和共轭的点构成的线为 P 关于 Γ 的极线，记作 $\Gamma(P)$。

从点 P 到 $\Gamma(P)$ 的对应是射影平面的点集合到线集合的一个映射。从坐标容易看出，它是单一的；它也是满的，这也可以用坐标来看出：设 A 是 Γ 在射影坐标系 J 中的矩阵，线 l 在 J 中的坐标为 (a, b, c)，则它就是坐标为

$$\left\langle A^{-1} \begin{bmatrix} a \\ b \\ c \end{bmatrix} \right\rangle$$

的点的极线。我们把这个点称为 l 关于 Γ 的极点。

于是，当在射影平面上取定了一条圆锥曲线 Γ 后，就有了这个射影平面的点集合到线集合的一个一一对应：点对应到它的极线，线对应到它的极点。我们把这个一一对应称为由 Γ 决定的射影平面上的配极映射。

容易从定义看出以下几个事实：

（1）点 P 在自己的极线 $\Gamma(P)$ 上 $\Leftrightarrow P \in \Gamma$。

（2）如果 $P \in \Gamma$，则 $\Gamma(P)$ 和 P 的交点只有 P 一个（命题 5-11）。

（3）点 P 在点 Q 的极线 $\Gamma(Q)$ 上的充分必要条件是点 Q 在点 P 的极线 $\Gamma(P)$ 上。也就是说，配极映射这个一一对应是保持点线关联关系的。

配极映射有着深刻的理论意义（如用来解释对偶原理等），还可以用来深化对普通平面上的圆锥曲线的了解，它给了我们认识圆锥曲线某些概念的一个新的

观察角度。

（一）共扼直径和方向的共扼

设 Γ_0 是普通平面 π 上的一条圆锥曲线，在 π 上的一个仿射坐标系 I 中，它的方程为

$$a_{11}x^2 + a_{22}y^2 + 2a_{12}xy + 2b_1 x + 2b_2 y + c = 0$$

Γ_0 扩大为扩大平面上的圆锥曲线 Γ，则在由 I 决定的仿射 – 射影坐标系 I–J 中，Γ 的方程为

$$a_{11}x^2 + a_{22}y^2 + 2a_{12}xy + 2b_1 xz + 2b_2 yz + cz^2 = 0$$

于是 Γ 在 j 中的矩阵为

$$A = \begin{bmatrix} a_{11} & a_{12} & b_1 \\ a_{12} & a_{22} & b_2 \\ b_1 & b_2 & c \end{bmatrix}$$

设 π 上的一点 P 在 I 中的坐标为 (x_0, y_0)，则 P 在 J 中的射影坐标为 $\langle (x_0, y_0, 1) \rangle$，于是 $\Gamma(P)$ 在 J 中的射影坐标为

$$\begin{aligned} \langle (x_0, y_0, 1)A \rangle &= \langle a_{11}x_0 + a_{12}y_0 + b_1, a_{12}x_0 + a_{22}y_0 + b_2, b_1 x_0 + b_2 y_0 + c \rangle \\ &= \langle F_1(x_0, y_0), F_2(x_0, y_0), F_3(x_0, y_0) \rangle \end{aligned}$$

如果 P 点不是 Γ_0 的中心，则 $\Gamma(P)$ 在 π 上的部分在 I 中的方程为

$$F_1(x_0, y_0)x + F_2(x_0, y_0)y + F_3(x_0, y_0) = 0$$

如果 P 点是 Γ_0 的中心，则 $F_1(x_0, y_0), F_2(x_0, y_0)$ 都等于 0，因此 $\Gamma(P)$ 是无穷远线。

对于一个无穷远点 P，设它由在 I 中的坐标为 (m, n) 的向量所代表，P 在 J 中的射影坐标为 $\langle (m, n, 0)^T \rangle$，则 $\Gamma(P)$ 在 J 中的射影坐标为

$$\langle (m, n, 0)A \rangle = \langle a_{11}m + a_{12}n, a_{12}m + a_{22}n, b_1 m + b_2 n \rangle$$

如果 (m, n) 不代表抛物线的渐近方向，即 $a_{11}m + a_{12}n, a_{12}m + a_{22}n$ 不全为 0，则

$\Gamma(P)$在π上的部分在I中的方程为

$$mF_1(x,y)x + nF_2(x,y) = 0$$

也就是方向(m,n)的共轭直径。

如果Γ_0是抛物线，(m,n)平行于它的渐近线，则$a_{11}m + a_{12}n, a_{12}m + a_{22}n$全为$0$，$\Gamma(P)$是无穷远直线。

两个非零向量(m,n)和(m',n')代表的无穷远点的射影坐标分别为$\langle(M,N,0)\rangle$，$\left\langle(m',n',0)^T\right\rangle$，它们调和共轭

$$(m,n,0)A(m',n',0)^T = 0$$

即

$$(m,n)A_0(m',n')^T = 0$$

也就是(m,n)和(m',n')代表的方向互相共轭。

（二）圆锥曲线的切线

在射影理论中，切线的概念变得更加简单明了。

定义5–14：在射影平面上，一条圆锥曲线Γ的切线就是和Γ只有一个公共点的线。

例如普通平面上的抛物线作为扩大平面上的圆锥曲线，凡是和对称轴平行的直线不是切线，因为它和抛物线除了有一个普通交点外，还有一个无穷远交点。而在扩大平面上的无穷远线是它的切线。双曲线的平行于渐近线（但不是渐近线）的直线也不是切线，因为它和双曲线也有两个交点：一个普通点和由该渐近方向代表的无穷远点。但是渐近线是切线，它和双曲线交于一个无穷远点。

如果点P在圆锥曲线Γ上，则过P有Γ的一条切线，它就是P的极线$\Gamma(P)$。

如果点P在圆锥曲线Γ的内部，则过P没有Γ的切线。

如果点P在圆锥曲线Γ的外部，则过P有Γ的两条切线。设P的极线$\Gamma(P)$和Γ相交于Q_1，Q_2，则Q_1，Q_2处的切线都经过P点，即$\Gamma(Q_1)$和$\Gamma(Q_2)$是过P点的两条切线。

例5-1：设 A,B,C,D 是圆锥曲线 Γ 上的4个不同点，记 E 是线 AB,CD 的交点，F 是线 AD,BC 的交点，G 是线 AC,BD 的交点（图5-11），证明 E,F,G 两两关于 Γ 调和共轭。

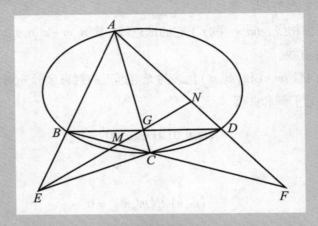

图 5-11

证明：方法 1。用射影坐标来验证。在射影坐标系 $\{A,B,C,D\}$ 中，Γ 的方程为

$$axy + bxz + cyz = 0 \quad (a+b+c=0)$$

于是 Γ 的矩阵为

$$A = \begin{bmatrix} 0 & a & b \\ a & 0 & c \\ b & c & 0 \end{bmatrix}$$

又容易计算出点的坐标：

$$E\langle(1,1,0)\rangle,F\langle(0,1,1)\rangle,G\langle(1,1,0)\rangle,$$

则

$$(1,1,0)A(0,1,1)=(1,1,0)A(1,0,1)$$

$$=(0,1,1)A(1,0,1)=0$$

根据定义，E,F,G 两两关于 Γ 调和共轭。

方法 2。设线 EG 分别交 AD 和 BC 于 N 和 M，交比

$$(A,D;N,F)=(B.C;M,F)=-1$$

从而 F 与 N 和 M 都关于 Γ 调和共轭，即线 $EG=\Gamma(F)$，因而 F 与 E 和 G 都关于 Γ 调和共轭。

同法可证 E 和 G 也关于 Γ 调和共轭。

这个例子的结论可用于极线、极点和切线的作图。

第六章

GeoGebra 软件与 CAI 软件在解析几何教学中的应用

在《解析几何》课的教学过程中，有一些动态轨迹是学生难以想象出来的，利用 *GeoGebra* 软件与 *CAI* 软件辅助教育，可以有效地突破教学难点，激发学生的学习兴趣，提高教学效果。本章围绕 *GeoGebra* 软件在解析几何教学中的应用和 *CAI* 软件在解析几何教学中的应用展开论述。

第一节　GeoGebra 软件在解析几何教学中的应用

空间解析几何具有抽象性和直观性的两重属性，决定了空间解析几何教学中既要充分体现它的形式化、抽象化的一面，又必须体现曲面、曲线方程推导过程中的具体化、直观化的一面。在这门课程的教学中，若只用传统教学手段口授讲解，手绘图形，很难准确快速地画出空间曲面、曲线的图形，且静态的图示缺乏生动性、直观性，难以调动学生的学习兴趣。对此必须借助信息技术手段辅助教学。诚然不少教师常用 *Matlab* 软件来绘制复杂的立体图形，把曲线、曲面的形成和变化过程准确地模拟出来，但 *Matlab* 软件的使用需要教师具有较强的编程能力，不易推广。在教学中使用 *GeoGebra* 软件辅助教学，作图快捷高效，可以为教学带来极大的便利，激发学生的学习兴趣，提高教学效果。本节将探讨 *GeoGebra* 软件辅助空间解析几何教学的做法。

一、用 GeoGebra 软件探析曲面的方程

空间解析几何的第一类问题是：由几何直观建立代数方程，例如从柱面、锥面、旋转曲面的几何性质或形成规律出发，通过消去参数法建立其方程。教材上的处理方式通常是在给出了柱面、锥面、旋转曲面的定义后，直接给出求其一般方程的方法，缺乏方法产生的分析过程，使学生产生理解上的困惑。因此教师的任务就是通过精心的教学设计，与学生一起探求这些曲面的一般方程的求法。

教学案例 1：如何引导学生理解求旋转曲面一般方程的定理[1]。

如果在课堂上直接给出求旋转曲面一般方程的定理，学生大都比较茫然，难以理解。作为教师有必要引导学生揭示这个定理的推出过程。为此在教学实践中，一般会先与学生一起探讨以下问题。

----

① 纪永强．空间解析几何 [M]．北京：高等教育出版社，2013.

教学案例 2：求双曲线 $C:\begin{cases} \dfrac{x^2}{9} - \dfrac{z^2}{16} = 1 \\ y = 0 \end{cases}$ 绕 z 轴旋转形成的旋转面的一般方程。

（1）教师先请学生想象一下双曲线 $C:\begin{cases} \dfrac{x^2}{9} - \dfrac{z^2}{16} = 1 \\ y = 0 \end{cases}$，绕 z 轴旋转形成的旋转面是怎样的曲面？试着画出它的直观图形。

（2）在学生想象的基础上，教师用 *GeoGebra* 软件打开制作好的课件，展示旋转面的直观图，如图 6-1[①] 所示，并请学生思考如何求这个旋转面的方程。

（3）在学生思考的基础上，教师演示，拖动滑杆按钮 n 使其值为 1，拖动滑杆按钮 m 使其值为 100，得到如图 6-2 所示的纬圆族的效果图。引导学生得出：双曲线 $C:\begin{cases} \dfrac{x^2}{9} - \dfrac{z^2}{16} = 1 \\ y = 0 \end{cases}$ 绕 z 轴旋转成的旋转面，除了可看成由母线旋转一周形成

的曲面，也可以看成是由纬圆族形成的曲面。

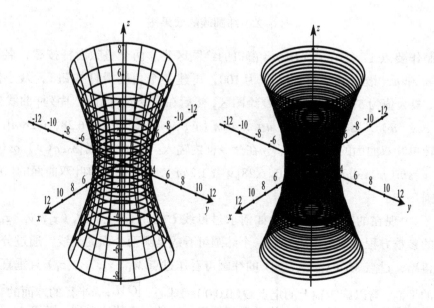

图 6-1 旋转面的效果图

①　本节图片均引自施永新 .GeoGebra 软件在空间解析几何教学中的应用探析 [J]. 宁德师范学院学报（自然科学版）,2018,30（03）：330-336.

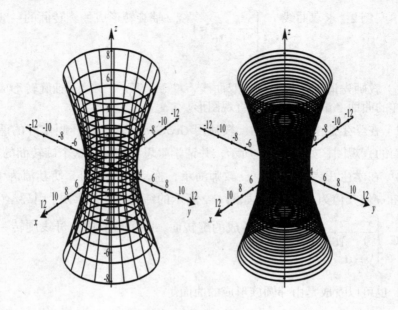

图 6-2 纬圆族的效果图

制作要点 1：①在 *GeoGebra* 窗口的绘图区建立两个整数滑杆按钮，名称分别为 m 和 n，最小值为 1，最大值为 100，再建一个角度滑杆按钮 v，最小值为 57.3°，最大值为 57.3°。②选择 3D 绘图区，然后在命令框内输入：序列 [曲线 [$3sec$ (v) cos (u)，$3sec$ (v) sin (u)，$4tan$ (v)，v-1,1]，u，0，6.28，6.28/n]，作出旋转单叶双曲面的 n 条母线。③在命令框内输入：序列 [曲线 [$3sec$(v)cos(u)，$3sec$(v)sin(u)，$4tan$(v)，u，0，6.28]，v,-1,1,2/m]，作出旋转单叶双曲面的（m+1）个纬圆。

（4）现在的问题就转化为如何求过母线 C 上的任一点 M_1（x_1，y_1，z_1）的纬圆的参数方程，请学生思考每一个纬圆可看成是哪两个面的交线？通过分析、讨论得出，过点 M_1（x_1，y_1，z_1）的纬圆可看作过点 M_1（x_1，y_1，z_1）且垂直于旋转轴的平面，与以旋转轴上的定点 O（0,0,0）为球心，$|\overrightarrow{OM_1}|$ 为半径的球面的交线。教师借助课件进行直观演示，拖动滑杆按钮 v 使学生清楚地看到，随着 M_1（x_1，y_1，z_1）在母线 C 上的移动面得到动纬圆，如图 6-3 所示。

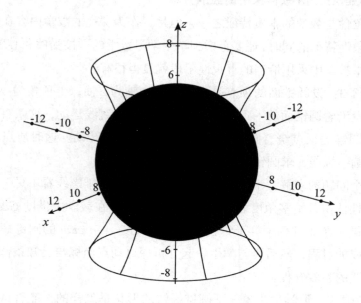

图 6–3　动纬圆的效果

制作要点 2：①分别拖动滑杆按钮 m, n 使其值分别为 1、6，在命令框内输入：曲线 [$3sec（v）cos（u）, 3sec（v）sin（u）, 4tan（v）$，$u$，0,6.28]，作出动纬圆。在命令框内输入：$M\_1=（3sec（v）cos（u），3sec（v）sin（0），4tan（v））$，作出动纬圆与母线 C 的交点 M_1。②在命令框内输入：球面 [O，M_1]，作出以 O 为球心且过点 M_1 的球面。

经过以上分析就比较自然地写出纬圆族的参数方程 $C:\begin{cases} \dfrac{x_1^2}{9}-\dfrac{z_1^2}{16}=1 \\ y_1=0 \\ z-z_1=0 \\ x^2+y^2+z^2=x_1^2+y_1^2+z_1^2 \end{cases}$，消去参数 x_1，y_1，z_1 得：$\dfrac{x^2}{9}+\dfrac{y^2}{9}-\dfrac{z^2}{16}=1$。

在学生对此特例方法理解的基础上，再归纳总结出教材上求旋转曲面一般方程的定理就水到渠成了。

二、用 GeoGebra 软件探析曲线的方程

数学抽象性是数学的本质特征之一，但是，作为课程的数学内容在充分展示它独有的抽象性特征的同时，还要考虑到学生学习数学的可接受性和心理适应性。因此，在课堂教学中采用恰当的直观性手段就显得很有必要。

教学案例 3：设圆锥面的顶点是坐标原点，轴为 z 轴，半顶角为 α，一个质点从原点出发沿着圆锥面的一条直母线作等速度 v 的直线运动，这条直母线在圆锥面上经过圆锥的顶点绕着圆锥的轴作等角速度 w 的转动。这时质点在圆锥面上的轨迹叫圆锥螺线，求圆锥螺线的参数方程。

对于这个问题的求解，学生有一定的难度，难在圆锥螺线看不见、摸不着，学生缺乏感性认识，给多角度表征问题带来了困难。在教学中借助 *GeoGebra* 软件先动态地画一个条件为 v 等于每秒 1 个单位长度, α=arctan 的圆锥螺线，让学生观察其形成的过程，然后再与学生一起分析探讨动点坐标与已知条件的关系，求出圆锥螺线的参数方程。

（1）教师首先请学生想象一下圆锥螺线的形状是怎样的？能否试着画出它的直观图形？在学生想象的基础上，教师用 *GeoGebra* 软件打开课件进行演示，向右拖动滑杆按钮 T，可动态画出质点在圆锥面上的轨迹即圆锥螺线，若拖动滑杆按钮 w，可改变圆锥螺线的形状，如图 6-4 所示。教师可反复演示几次，让学生对圆锥螺线有一个比较深刻的感性认识。

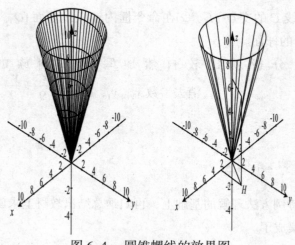

图 6-4　圆锥螺线的效果图

制作要点 3：①在 *GeoGebra* 窗口中选绘图区，建立一个角度滑杆按钮 *w*，再建一个数字滑杆按钮 *T*，最小值为 0，最大值为 11.2，增量为 0.1。②在 *GeoGebra* 窗口中选 3D 绘图区，在命令框内输入：曲线[5*cos*(*t*),5*sin*(*t*),10,*t*,0,6.28]，作出圆锥的底面。③在命令框内输入：序列 [线段 [(0,0,0),5*cos*(*s*),5*sin*(*s*),10)],*s*,0°,360°,6°]，作出圆锥的侧面。④在命令框内输入：曲线 [0.447*t**cos（*w**t）,0.447*t**sin（*w**t）,0.894*t*,*t*,*O*,*T*]，作出圆锥螺线，并将其颜色设为红色。

（2）在学生对圆锥螺线有了感性认识的基础上，就容易理解动点坐标与已知条件之间的关系，设 *t* s 后质点 *M* 从 *O*（0,0,0）运动到 *M*（*x,y,z*），不妨设 *M* 是第 I 卦限的点，则由已知条件得 $\left|\overrightarrow{OM}\right|$=*vt*，过点 *M* 作 *xOy* 坐标面的垂线，垂足为 *H*，则 ∠*DOH*=*wt*，如图 6-5 所示，由图 6-5 易得参数方程

$$C:\begin{cases} x = vt\sin\alpha\cos wt \\ y = vt\sin\alpha\sin wt \\ z = vt\cos\alpha \end{cases}, \quad 0 \leqslant t < +\infty 。$$

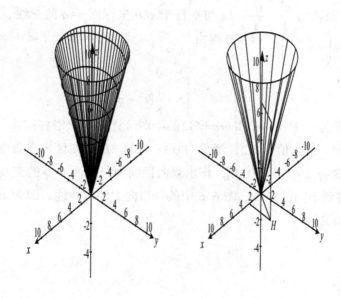

图 6-5　求参数方程的直观图

三、用 GeoGebra 软件绘制曲面图形

空间解析几何的第二类问题是：由代数方程得到几何直观，即通过对曲面方

程的研究，得出相应曲面的性质并由此绘出其图形。例如空间解析几何中对椭球面、双曲面、抛物面的研究，先用代数的方法通过对其标准方程的研究分析，得出其对称性、范围、与坐标轴的交点、与坐标平面的交线以及平截线，在此基础上再绘出曲面的图形。但在实际教学中发现根据"平行截线法"用手工绘出曲面的图形，学生往往显得力不从心。当学生仅凭空间想象难以绘出曲面的图形时，这时信息技术的介入就显得十分必要，借助 *GeoGebar* 软件能动态展示平截线的变化过程，可起到传统教学手段不能呈现的效果，对培养学生的空间想象能力大有裨益。

教学案例 4：绘制双曲抛物面 $\dfrac{x^2}{4} - \dfrac{y^2}{4} = 2z$ 的图形。

（1）请学生思考由双曲抛物面的方程可得出这个双曲抛物面的哪些性质？①对称性：它关于 yOz 坐标面、xOz 坐标面和 z 轴对称。②范围：x，y，z 是满足方程的任意实数。③顶点：原点。

（2）以下重点分析双曲抛物面 $\dfrac{x^2}{4} - \dfrac{y^2}{4} = 2z$ 与平行于坐标平面的交线。

1）双曲抛物面 $\dfrac{x^2}{4} - \dfrac{y^2}{4} = 2z$ 与平行于 xOz 坐标面 $y=q$ 的交线。其中交线的方程为 $\begin{cases} x^2 = 8\left(z + \dfrac{q^2}{8}\right) \\ y = q \end{cases}$，参数方程为 $\begin{cases} x = t \\ y = q \\ z = \dfrac{1}{8}\left(t^2 - q^2\right) \end{cases}$，$-\infty < t < +\infty$。

绘制步骤为：①在 *GeoGebra* 窗口的绘图区建立一个滑杆按钮，名称为 q，最小值为 -8.2，最大值为 8.2，增量为 0.1；②选 $3D$ 绘图区，在命令框内输入：曲线 $[t,q,(t^{\wedge}2-q^{\wedge}2)/8,t,-10,10]$，作出双曲抛物面与平面 $y=q$ 的交线，拖动滑杆按钮 q，可得到不同的交线。图 6-6 中的开口向上的抛物线，即为 xOz 坐标面与双曲抛物面的交线。

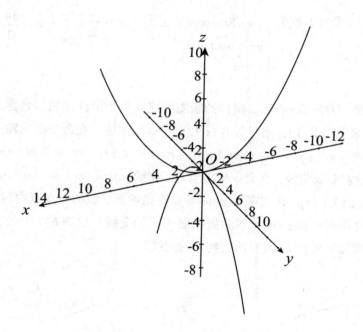

图 6-6　双曲抛物面与坐标面 xOz 和 yOz 的交线

2）双曲抛物面 $\dfrac{x^2}{4} - \dfrac{y^2}{4} = 2z$ 与平行于 yOz 坐标面 $x=p$ 的交线。其中交线的方程为 $\begin{cases} y^2 = -8\left(z - \dfrac{p^2}{8}\right) \\ x = p \end{cases}$，参数方程为 $\begin{cases} x = p \\ y = t \\ z = \dfrac{1}{8}\left(p^2 - t^2\right) \end{cases}$，$-\infty < t < +\infty$。

绘制步骤为：①在 *GeoGebra* 窗口的绘图区建立一个滑杆按钮，名称为 p，最小值为 –9，最大值为 9，增量为 0.1；②选 3D 绘图区，在命令框内输入：曲线 [p,t,（p^2-t^2）/8,t,–10,10]，作出双曲抛物而与平而 $x=p$ 的交线，拖动滑杆按钮 p，可得到不同的交线。图 6-6 中的开口向下的抛物线，即为 yOz 坐标而与双曲抛物而的交线。

3）双曲抛物面 $\dfrac{x^2}{4} - \dfrac{y^2}{4} = 2z$ 与平行于 xOy 坐标面的而的交线。

首先是双曲抛物面 $\dfrac{x^2}{4} - \dfrac{y^2}{4} = 2z$ 与平面 $z=m$（$m>0$）的交线。交线的方程为

$$\begin{cases} \dfrac{x^2}{8m} - \dfrac{y^2}{8m} = 1 \\ z = m \end{cases}, \text{参数方程为} \begin{cases} x = \sqrt{8m}\sec\alpha \\ y = \sqrt{8m}\tan\alpha \\ z = m \end{cases}, -\dfrac{\pi}{2} < \alpha < \dfrac{\pi}{2}, \dfrac{\pi}{2} < \alpha \quad \dfrac{3\pi}{2}。$$

绘制步骤：①在 *GeoGebra* 窗口的绘图区建立一个滑杆按钮，名称为 m，最小值为 0.1，最大值为 10，增量为 0.1；②选 3*D* 绘图区，在命令框内输入：曲线 [*sqrt*（8*m*）*sec*（α）,*sqrt*（8*m*）*tan*（α）,*m*,α,–1.57,1.57]，作出平面 $z=m$ 与双曲抛物面交线的左支双曲线。在命令框内输入：曲线 [*sqrt*（8*m*）*sec*（α）,*sqrt*（8*m*）*tan*（α）,*m*,α,1.57,4.71]，作出平面 $z=m$ 与双曲抛物面交线的右支双曲线．拖动滑杆按钮 m，可得到平面 $z=m$ 与双曲抛物面不同的交线。如图 6–7 中最上面的左右两支双曲线为平面 $z=10$ 与双曲抛物面的交线。

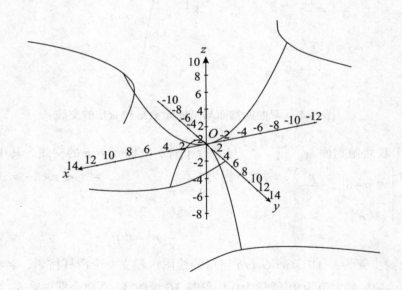

图 6–7   平截线的效果图

注：双曲抛物面 $\dfrac{x^2}{4} - \dfrac{y^2}{4} = 2z$ 与坐标面 xOy 的交线方程是 $\begin{cases} x \pm y = 0 \\ z = 0 \end{cases}$，这是坐标面 xOy 上的两条相交直线。

其次是双曲抛物面 $\dfrac{x^2}{4} - \dfrac{y^2}{4} = 2z$ 与平面 $z=n$（$n \leqslant 0$）的交线。交线的方程为

$$\begin{cases} -\dfrac{x^2}{-8n} + \dfrac{y^2}{-8n} = 1 \\ z = n \end{cases}, \text{参数方程为} \begin{cases} x = \sqrt{-8n}\tan\alpha \\ y = \sqrt{-8n}\sec\alpha \\ z = n \end{cases}, -\dfrac{\pi}{2} < \alpha < \dfrac{\pi}{2}, \dfrac{\pi}{2} < \alpha \quad \dfrac{3\pi}{2}。$$

　　绘制步骤：①在 *GeoGebra* 窗口的绘图区建立一个滑杆按钮，名称为 n，最小值为 –8.5，最大值为 –0.1，增量为 0.1；②选 3D 绘图区，在命令框内输入：曲线 [*sqrt*（–8*n*）*tan*（α），*sqrt*（–8*n*）*sec*（α），*n*,α,1.57,4.71]，作出平面 $z=n$ 与双曲抛物面的交线的前支双曲线。在命令框内输入：曲线 [*sqrt*（–8*n*）*tan*（α），*sqrt*（–8*n*）*sec*（α），*n*,α,–1.57,1.57]，作出平面 $z=n$ 与双曲抛物面的交线的后支双曲线，拖动滑杆按钮 n，可得到不同的交线。图 6–7 中最下面的前后两支双曲线为平面 $z=–8.5$ 与双曲抛物面的交线。

　　（3）至此，通过对方程的研究，绘出了双曲抛物面的大致轮廓，那么这个曲面完整的图形是怎样的呢？根据双曲抛物面 $\dfrac{x^2}{4} - \dfrac{y^2}{4} = 2z$ 的参数方程

$$\begin{cases} x = 2(u+v) \\ y = 2(u-v) \\ z = 2uv \end{cases}, \ -\infty < u, \ v < +\infty$$，选择 3D 绘图区，在命令框内输入：曲面 [2

（u+v），2（u–v），2uv，u，–5,5,v,–4.5,4.5] 即作出此双曲抛物面的图形，也叫马鞍面。

第二节　　CAI 软件在解析几何教学中的应用

　　随着科学技术的发展，计算机进入了几乎一切领域，从而导致了其迅猛的发展。微型计算机的大量生产，使得中小学拥有微机的数量迅速增加，微机上使用的教学程序和管理程序也正大量出现。计算机辅助教学（*Computer Assisted Instruction*，简称 *CAI*）是指利用计算机帮助教师进行教学或用计算机进行教学的广阔应用领域。它既是计算机的一个应用领域，又代表一种新的教育计划和教学方式。它在我国的起步虽然很晚，但其发展却非常的迅速。计算机大量涌入中小学和家庭使得发展计算机在教育领域中的应用已成为当前一项紧迫的工作。

　　BASIC 语言是一种通用的交互式计算机高级用户语言，它主要用于数值计算，数据处理以及教学与游戏。*BASIC* 语言简单而实用，深受广大计算机使用者的欢

迎。目前，许多微型计算机已经把 *BASIC* 语言固化在只读存贮器中，这样就给使用者提供了方便的条件。

下面针对 *IBM-PC* 微型机扩展 *BASIC* 所提供用户使用的"陷井"技术，谈一点粗略的看法。如果在用 *IBM-PC* 扩展的 *BASIC* 开发程序中，巧妙地使用"陷井"技术，可使软件具有完美、紧凑的效果。就计算机辅助教育来说，利用微机进行教学演示可以处理一些难于演示的问题。如在教授圆的渐开线，摆线、心脏线、星形线、等角螺线等几何曲线的图形时，用微机构图演示就能收到很好的效果。同时，为了把科学性、趣味性和教育性融于一体，大大激发学生的学习兴趣，起到"寓教于乐"的作用，其间加上音乐"陷井"技术可使精神得到放松，还能增加软件的趣味性。

使用"陷井"技术的一般过程是，首先编制好预想事件的续元处理程序，然后在开头放一条"陷井"设置语句，并指出续元程序的入口，当程序运行完每一条语句，*BASIC* 都去查找一下期待的中断事件是否发生。如果发生了，则转该事件的续元处理程序，处理完毕后，再返回被打断的程序继续执行。

本节主要就音乐"陷井"技术和 *IBM-PC* 实用图形技术两者结合辅之以教学，而为学生提供一个良好的学习环境，在悠扬的音乐声中与计算机对话，从而使学生的学习能收到良好的效果。

用计算机辅助教学，为了便于程序的并行编制与调试，要求采用结构化程序设计方法进行功能块分割，在分割过程中，按照结构化程序设计的要求，必须做到耦合性最小，聚合性最大，即努力保持各模块之间的相对独立性，明确每个模块的功能。这样，不仅可以缩短时间，而且由于各模块之间的相对独立性，又可以有效地防止错误在各模块之间扩散，提高系统的可靠性。同时，要求设计出理想的封面，屏幕设计合理，充分利用内存，操作简单明了，便于用户使用。

一、系统结构及介绍

系统结构如图 6-8[①] 所示。

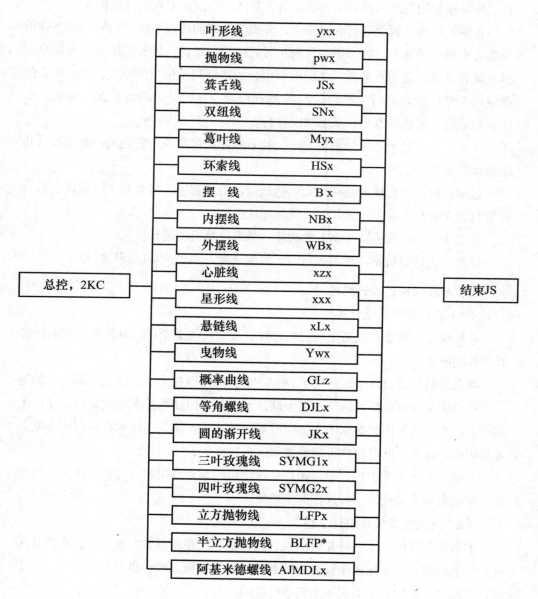

图 6-8　系统结构

本系统分二十三个模块，现分别介绍如下。

（1）总控模块（*2KC*）的功能：完成本系统的封面设计，为用户提供系统总菜单并根据用户的选择调用各功能块，若选择结束，则调用结束模块。

说明：在进行封面运行和出现"计算机演示几何曲线画法"期间，伴有音乐演奏《聪明的一休》，当不需要封面运行后可按任意键，计算机便自动为用户提供系统总菜单，请用户选择。之后根据用户的选择调用相应的模块，来演示几何曲线的画法。模块运行完毕后，返回 $2KC$ 模块，这时又可再选择其余模块。如不需要演示，可选择退出，从而结束运行。

（二）~（二十二）分别为二十一种不同的几何曲线，它们的功能是演示几何曲线的画法。

说明：每一个模块就是一个几何曲线画法的子程序，当调用了该模块之后，计算机便在屏幕上演示出该几何曲线的画法。

（二十三）结束模块（JS）的功能：结束计算机的运行。

说明：当计算机不需要再运行时，只要选择 $v=22$，即可结束运行。

二、系统模块的设计思想

（1）总控模块的设计思想。

总控模块主要是完成系统的封面设计，提供系统总菜单，并根据用户的选择调用各功能块。

在系统的封面设计中，运用了 *IBM-PC* 实用图形技术，终端上半部显示的是"计算机演示几何曲线画法"，下半部显示的是利用动画技术中的复合运动产生的小人跑步及几何图案编制的人。同时采用了音乐"陷井"技术在后台演奏歌曲《聪明的一休》，此时用户可根据提示进行操作。

在进入系统总菜单后，根据用户选择菜的编号调用相应的模块演示曲线画法。当需要结束运行时，可选择退出模块。

（2）几何曲线模块设计思想。

本节所列举的二十一种几何曲线，其方程有的是用参数方程表示，有的是用极坐标表示的。对于用极坐标表示的方程可化为参数方程，也可直接利用。由于设计思想基本相同，下面仅举二例举行说明。

1）圆的渐开线。若将一条钢丝紧绕在一个半径为 r 的圆盘上，然后逐渐散开钢丝，且使散开的部分总保持与圆盘相切，则钢丝外端点的轨迹就是圆的渐开线。如图 6-9 中的曲线便是圆的渐开线。

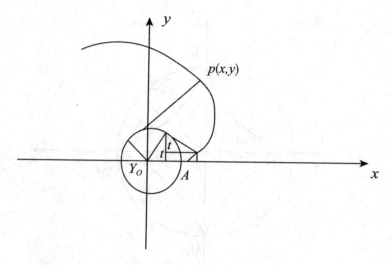

图 6-9　圆的渐开线

设圆的中心为 O，半径为 r，A 点是钢丝未撒开时端点的初始位置，当按图 6-9 建立坐标系和选参数 t 时，可得圆的渐开线的参数方程为：

$$\begin{cases} x = r(\cos t + t \sin t) \\ y = r(\sin t - t \cos t) \end{cases} \quad (6\text{-}1)$$

在圆的渐开线的设计中，主要采用动画技术来动态地生成圆的渐开线。故应在屏幕坐标系下建立圆的渐开线方程，由式（6-1）经适当变换后可得：

$$\begin{cases} x = x_0 + r(\cos t + t \sin t) \\ y = y_0 + r(\sin t - t \cos t) \end{cases} \quad (6\text{-}2)$$

其中（x_0，y_0）为圆心 O 的坐标，为保证 x,y 在屏幕坐标允许的范围内变化，根据圆的渐开线的特点，应适当地选取 x-[0]，y_0 及 r。还有步卡 S，它与轨迹上点的密度及画圆速度密切相关。在计算机屏幕坐标时，还应考虑屏幕的纵横比 ASP，其默认值为 516。

根据圆的渐开线生成的特点，可采用"点线式"动画技术来实现所要求的结果。

2）星形线。一半径为 r 的圆周沿另一半径为 $4r$ 的圆周内部滚动而无滑动时圆上一点所描成的轨迹就叫星形线。如图 6-10 所示的曲线 M、M_1、M_2、M_3、M_4 就是星形线。

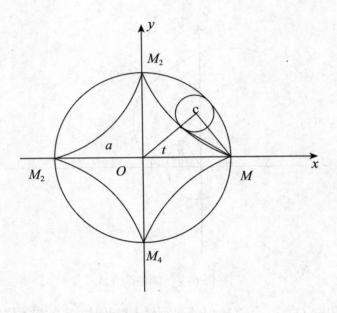

图 6-10   星形线

设大圆圆心为 o，小圆圆心为 c，M 为圆 c 的圆周上一定点，建立坐标系如图 6-10 所示。假设在圆 c 沿大圆周滚动之前，M 点如图示。并选取参数为 t，则可以得到星形线的参数方程为：（大圆半径为 a）

$$\begin{cases} x = a\cos^3 t \\ y = a\sin^3 t \end{cases} \quad (6\text{-}3)$$

现要求采用动画技术来动态地生成星形线，即以动态方式产生星形线，就是当圆 c 沿大圆周滚动时，M 产生相应的运动过程。这时可用"点线式"来画出相应的 M 点，用"存取式"来画运动的圆 c，为此，应在屏幕坐标系下建立星形线的参数方程，由式（6-3）经适当变换得

$$\begin{cases} x = x_0 + a\cos^3 t \\ y = y_0 + a\sin^3 t \end{cases} \quad (6\text{-}4)$$

其中 (x_0, y_0) 为圆 o 的坐标，由于半径 a 不同，则包含此圆的矩形区域亦随之而变，因而存放此区域图形信息的数组 $A(N)$ 亦随 a 而变化。

本系统具有以下特点：①屏幕设计合理；②响应速度快；③模块性强；④趣味性强；⑤采用了"陷井"技术，充分利用了微机提供的功能，而且系统是在

IBM–PC/XT,AT 和 *GW*0520*CH* 上用高级 *BASIC* 编制／调试的。

第七章

信息技术在解析几何教学中的应用研究

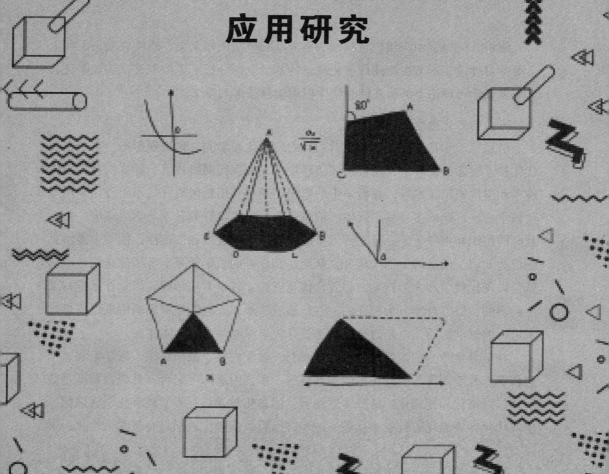

解析几何是国内高等师范院校数学的专业基础课程,是中学相应课程的延伸,也是后续课程学习的基础。然而,目前解析几何的教学实际上还是陈旧的教学方法及学习方法,教学手段比较落后。教学内容中大量抽象的空间图形决定了传统教学的众多缺陷。数学软件作为数学研究的现代化工具,有强大的数值计算和绘图功能,在利用数学解决实际问题、基础数学的教学和研究等方面有着重要的应用。本章通过理论和实践相结合的方法,对数学软件在解析几何中的应用做了初步的研究。主要包括解析几何教学中应用信息技术的理论与功能、解析几何教学与信息技术整合策略研究。

第一节　解析几何教学中应用信息技术的理论与功能

解析几何教学中应用信息技术的理论基础包括认知主义、建构主义、人本主义等学习理论,本节在论述信息化教学的基础上,分析了建构主义、认知主义、人本主义学习理论下解析几何教学中应用信息技术的意义。

一、信息化教学的内涵

信息化教学是与传统教学相对而言的现代化教学的一种表现形态,它是在现代化教学理念的指导下,重视现代信息技术,如现代网络技术、计算机及多媒体技术和卫星通信技术等,在教学中的作用,充分利用现代教育技术手段,应用现代教学方法,调动多种教学媒体、信息资源,构建良好的教学与学习环境,并在教师的组织和指导下,充分发挥学生的主动性、积极性和创造性,使学生能够真正成为知识、信息的主动构建者,从而达到良好的教学效果。所谓信息化教学,就是以现代教学理念为指导,将教育信息资源、教学方法和现代信息技术进行深度融合的,以混合学习为特征的一种新型教学形态。它既是师生运用现代信息技术进行的教学活动,也是信息技术与教育教学深度融合的具体体现。

在信息化教学中,要充分将教学观念、教学内容、教学组织、教学模式、信息技术、教学评价与信息技术教学环境等一系列因素深度融合,其典型特征是数字化、网络化和智能化。从技术层面看,信息化教学具有教学数字化、网络化、多媒体化和智能化等特点;从教学过程方面看,信息化教学具有教学个性化、学习自主化、活动合作化、管理智能化、资源全球化和信息表征多元化等特点，是以学生为中心、以学习能力培养为目的的教学。

（一）信息化教学的要素

传统教学系统的三要素是相互影响、相互作用的。学生是学习的主体，所有的教学内容都是围绕学生这一主体而组织安排的，学生是教学活动的出发点，也是教学活动的落脚点。教学内容是教学活动赖以发生的基础，是学生学习的主要对象、教师教学的主要内容；教学活动是通过教师来实现的，教师在教学活动中起主导作用，在教学过程中发挥主动性来调整学生的学习活动和教学内容，使教学达到最优化的程度。然而，教师的主导作用是否产生了好的教学效果，还要通过学生这个要素来检验。由此可以看出，在传统教学中，各个要素之间相互作用，从而形成了教学系统。

移动互联网技术、无线通信技术的发展和"三通两平台"的建设为"网络化、数字化、个性化、终身化"的教育体系和"人人皆学、处处能学、时时可学"的学习型社会提供了无限的可能。

信息化教学系统从传统的三要素拓展为集教师、学生、家庭、社区、学校、社会、资源和管理为一体的生态体系，从而形成了新的信息化教学生态系统。信息化教学系统体现了教学主体、教学资源、教学环境与信息技术的深度融合，与传统的教学系统相比，信息化教学系统的特征是教学主体多元化、融合化，也体现了协作、探究、开放、自主的特点；体现了信息技术与现代教育的深度融合，也体现了教育信息化的特征。

（二）信息化教学的特征

信息化教学的特征，可以从技术层面和教育层面两方面加以考察。

（1）从技术层面上看，信息化教学的基本特点是数字化、网络化、智能化和多媒体化。数字化让其授课体系的工具变得便捷、高效、一体化；网络化让课程素材得以被广泛使用，在时间、空间方面减小了束缚；智能化让体系达到人工授课、网络授课更畅通、便捷；多媒体化让声音、图像等工具综合化、数据资源多样化，抽象表象虚拟化。

（2）从教育层面上看，信息化教学的基本特征是开放性、共享性、交互性与协作性。开放性促进教学更具备实践性质，让人们具备一生学习的意识，让学习变得更主动。放眼看去，将来一段时间内，教学会从校园逐步进入家庭、小区，甚至走向更多科技遍及的区域，人们在进行"充电"的时候可以不被地点、时间等因素约束，学习者可以在任何时间通过互联网，依据自身需要、学识基础、特长爱好、习惯及自身制订的目的去选择相关的学习素材、方法、进程，制订处理问题的计划，进行学习行为。共享性为信息化的根本特点，给授课学习提供了许多学习素材，信息文案、资源、APP 之类多样化的授课素材形成了一个具备完整性、综合性质的素材空间。交互性使学生能够和教师沟通提出问题，便于学生间互相交流沟通，基于当下热门的话题互相发表自己的见解，在此过程中得到多方思考问题、处理问题的不一样的方式方法，还可以互相解答对方的问题，进行解析及点评。协作性使教育者有更多的与他人协作和研讨的时间和空间，使学习者可以通过网上合作（利用计算机合作）、小组合作（在计算机面前合作）及与计算机合作（计算机扮演同学角色）等多种合作方式，来增加与他人合作的机会。

（三）信息化教学的原则

教学原则是为体现教育教学目的、反映教学规律而制定的指导教学工作的基本要求。它既指教师的教，也指学生的学，应贯彻于教学过程的各个方面和始终。它反映了人们对教学活动本质性特点和内在规律性的认识，是指导教学工作有效进行的指导性原理和行为准则。教学原则在教学活动中的正确和灵活运用，对提高教学质量和教学效率发挥着重要的保障性作用。教学原则是进行有效教学必须遵循的基本要求，对教学中的各项活动起着指导和制约的作用。传统教学要遵循一定的教学原则，信息化教学同样也要遵循一定的教学原则，并在其指导下更加有效地开展教学活动。与传统教学不同的是，信息化教学的原则具有信息时代的特征。信息化教学主要遵循以下教学原则。

1. 整合性原则

信息化教学是将信息技术、信息资源、人力资源和课程内容等一系列要素整合在一个系统中，有机地将各种要素结合起来共同完成教学任务的一种教学方式。因此，整合性原则是信息化教学的首要原则。在信息化教学过程中，应当将信息技术有效地融入各类教学中，将教学系统中的各个要素和各类教学资源有效地整合在一起，将各种理论、方法和教学媒体很好地结合起来，在整个教学过程中协调各要素之间的关系，发挥系统的整体优势，以提高教学效率。

2. 直观性原则

直观性原则是指在信息化教学环境中为学习者创设一定的情境，提供丰富的学习资源，同时通过教师给予指导、形象描述知识等教学活动来促使学生积极观察、主动探究，使学生对所学事物、过程形成清晰的表象，从而丰富感性知识，主动构建知识的意义，最终正确地理解所学知识并发展认知能力。信息化教学环境集多种媒体资源、各类教学设备和各种支持系统于一体，能够为直观性原则的贯彻提供多样化的教学资源、丰富的教学功能及各类教学支持。

3. 参与性原则

参与性原则是指学生在教师的引导下积极参与教学活动，通过这种参与唤起学生的主体意识，发挥学生的主体作用，发掘学生的学习潜能，培养学生的学习能力，增强学生学习的责任感与合作精神，从而能够有效提高教学质量，更好地完成教学任务。

在信息化教学过程中，学生成为教学活动全过程的自觉的、能动的参与者，成为知识的主动探索者与发现者，成为自己主体建构与发展的主宰者，并在每次参与过程中实现其主动性、能动性与创造性的发展。因此，在信息化教学中，教师应当借助信息技术手段、丰富的教学资源来调动学生的积极性、主动性和参与性，使学生从不同层次（个人参与和小组参与）、用不同方式参与到教学过程中。

4. 启发创造原则

信息化教学中的启发创造原则，是指教师利用先进的教育理念，在信息化环境的支持下采用多样化的方式支持学生的学习，并且在教学中最大限度地调动学生学习的积极性和自觉性，激发他们的创造性思维，从而使学生在融会贯通地掌握知识的同时，充分发展自己的创造能力与创造性人格。

启发创造原则是在现代教育理念指导下，教学与发展相互影响和相互促进规律的反映。信息化教学不仅要求教师向学生传授知识、技能和技巧，而且要求教学能够促进学生主动对知识进行意义建构，同时促进学生情感、态度和价值观的发展。教学与发展是相互依赖、相互促进的。教师在教学中要将学生视为学习的主体，设计多样化的教学活动，利用多媒体手段启发学生积极思考，促使他们自己提出问题、分析问题和解决问题。

启发创造原则还是信息化教学受制于信息化社会需要这一规律的具体体现。信息化社会发展的趋势，要求学校教育教学必须培养学生的信息素养、革新精神和创造能力。只有这样，学校所培养的人才才能适应未来瞬息万变的社会要求，才能以新的思维方式捕获新的有价值的信息，也才能在未来的工作中敢想、敢干，为社会创造财富。目前，通过信息化教学发展学生的创造性思维、培养创造型人才已经成为世界各国教学改革的重心。

5. 教师主导作用与学生主体作用相结合的原则

建构主义的学习理论要求学生主动建构知识，教师要成为学生建构意义的促进者，它强调学生的主体地位与教师的主导地位。学生的主体性在教学过程中具体表现为自主性、主动性和创造性。教师主导作用与学生主体作用相结合的原则，是指在信息化教学过程中教师既要充分发挥自身的主导作用，又要充分调动学生的积极性和主动性，正确处理教与学的关系，把教师与学生的积极性都调动起来。

该原则在信息化教学中的作用应充分体现在强调学生是学习的主体、强调学生主体在教学中的积极作用上。这是因为，学生的学习是一种自觉的、能动的活动。也就是说，学生要把教师提供的一切认识材料转化为自己的东西，就必须通过积极、自觉的思维去接受、理解、消化和运用。教师的主导作用和学生的主体作用，是相互协调、相互促进和互为条件的两个方面，二者应该紧密结合、协同活动，才能积极地发展学生的个性，提高教学效果。

6. 教学最优化原则

教学最优化原则，是指在现代教育理念的指导下，在信息化教学过程中，通过对教学系统中的各个要素进行系统化设计，使得各要素优化组合能够进行最优的教学，取得最优的教学效果。

教学最优化原则主要是依据教学效果取决于教学诸因素构成的合力这一规律提出来的。信息化教学中的要素主要是指教师、学习者、媒体和教学内容。教学最优化的标准是指在一定条件下，既能够取得最大可能的教育教学效果，又只花费最少的必要时间。在信息化教学中，教师要设计多样化的教学活动和学习活动，将教学的各要素优化组合，使每一个要素都发挥最大的效益，既达到教学目标，又提高教学的效率。

（四）信息化教学环境的教学结构

当前教育界主要有三大类教学结构，即以教为中心的教学结构、以学为中心的教学结构和"教师主导—学生主体"的教学结构。各个教学要素在不同的教学结构中扮演不同的角色，发挥不同的作用。以教为中心的教学结构是指以教师的教为教学的出发点，教师对教学活动进行设计、组织，将知识传递给学生，学生只是被动地接受知识。教学媒体是辅助教师教的演示工具，教材作为教学的基础，是学生知识的主要来源。以学为中心的教学结构是指以学生的学为教学的出发点，学生主动对知识进行建构，是信息加工的主体，教师只是教学的组织者、指导者，是学生建构意义的帮助者、促进者。教学媒体主要作为学生的学习工具，教材不再是学生唯一的知识来源，学生通过自主探究学习能够获取更多的信息资源。

"教师主导—学生主体"的教学结构是指在教学过程中既要发挥教师的主导作用，也要充分体现学生的主体作用。教师根据学生的特点为其选择设计特定的教学内容、教学媒体和交互方式；学生在教师的帮助下，对教师设计的学习资源进行主动的意义建构；教学媒体既是教师的教学工具，也是促进学生自主学习的认知工具。教材不是唯一的教学内容，通过教师指导、自主学习与协作探究，学生可以从教师、同学及专家等更多种学习对象和多种教学结构资源中获得知识。华东师范大学祝智庭教授等将信息化教学资源环境支持的教学结构类型分为以下三种。

1. 教学授递环境支持下的信息化教学

教学授递环境为以教为中心的教学提供了有效的支持。教师作为教学的主体，可以借助教学授递环境提供的媒体设备向学习者传授知识，利用多种媒体呈现教学内容，刺激学生的感官，激发学生的学习兴趣；现代教学媒体承载并传递教学信息，教师运用多媒体技术将抽象的教学内容形象化、具体化，丰富了教学信息的表现形式，激发了学生学习的积极性和主动性。

移动互联网络作为新型的教学授递环境，为以教为主的教学提供了教学环境和教学平台，它可以支持各种类型的教学传播，从个人、小组、群体到众体，并且它的传播功能可以突破时间和空间的限制。教师利用各种教学软件和丰富的网络资源设计多媒体呈现的生动形象的教学课件，丰富了教学内容，改变了单一媒体呈现教学内容的方式；网络资源和教学软件则用于辅助教师的讲解和演示。

2. 信息资源环境支持下的信息化教学

教学信息资源环境主要表现为软件工具，其特点是拥有大量的信息资源并提供自由的访问，它为以学为中心的教学提供了有效的支持。教师作为教学的组织者、指导者，根据学生的特点组织教学内容、设计教学活动，利用教学媒体和大量的教学资源创设情境，引导学生主动探究，帮助并促进学生对知识进行意义建构；学生作为教学的主体，他们利用教学媒体，在大量信息资源的支撑下开展自主学习、协作学习和探究学习；教材不再是学生知识的主要来源，信息资源环境提供的自由的访问，能够促使学生从各类信息系统中获得大量的知识。

3. 集成化资源环境支持下的信息化教学

集成化资源环境集各种媒体设备、软件工具为一体，包括各种学习材料和环境。这样的环境不仅能够很好地支持教师的教学活动，同时也能够为学习者的学习提供技术、资源等方面的有效支持。在这种资源环境中，教师利用各类软件、工具组织教学内容，根据学生的特点，设计特定的教学活动、选择适当的教学媒体和交流方式，利用各种媒体设备开展教学，教师成为教学内容的设计者、教学活动的组织者和学生学习的指导者；学生在教师的指导下，在教师精心设计的教学活动中主动建构知识，在大量教学资源的支持下开展自主学习、协作学习和探究学习；教学媒体既可以作为辅助教师教学的演示工具，也可以作为促进学生自主学习、探究学习的认知工具和促进学生协作学习的协作工具。除此之外，教学内容的种类更加多样化，知识更新的速度越来越快，也为教学活动的开展提供了更新的、更全的信息资源，使教学更加具有信息化时代的特征。

（五）信息化对教师能力的新要求

1. 教师信息化教学能力与发展理念

教师信息化教学能力，是以促进学生发展为目的，利用信息资源从事教学活动、完成教学任务的综合能力。教师信息化教学能力发展的目的是促进学生的发展，它是一种综合能力，由若干子能力构成。在信息化社会中，教师信息化教学能力是教师将信息技术与教学活动相融合的能力，是信息化社会中教师专业发展的核心能力。

教师信息化教学能力并非是固定不变的，而是处于一种动态变化的状态。在不同的历史时期、社会背景和教育背景下，教师信息化教学能力的要求是动态的、变化的，但也是有指向的，教师必须适应这种动态变化的要求。相应地，信息化教学能力发展也是动态的，这种动态性是教师信息化教学能力不断发展、不断完善和不断提升的过程，也是为了适应社会的变化，教师信息化教学能力不断更新知识和能力素质、追求新知的过程。因此，教师在自己的学习、工作和实践中，其信息化教学能力永远处于一种动态的发展状态。动态发展的动力来自学习、教学实践和协作教学等，直接的动力源泉则是来自教师信息化教学能力发展的情意和发展的自主性需要教师具有自主学习、终身学习的意识与能力。

（1）自主学习。教师的自主学习应该贯穿在每一个教师的教学职业规划中，自主学习应该是任一教师都必须具备的重要能力，能让教师的教学不断创新，持续发展，给教师的教学带来源源不断地推动力。教师自身技术知识的累积，信息化教学的不断更新改进，推动学生的各方面提升等，都需要倚仗教师的自主学习来完成。

教师的一生应该也是不断学习提高的一生，就职前的求学阶段，教师进行系统的，有序的学习，为其教师生涯打好牢固的基础。工作后，也不能放松学习，更应积极主动的参与各项阶段性的培训或交流，从而不断提高自身的教学能力和创新精神。教师在教学中也同样需要注重和其他教师的交流学习，通力合作，共同进步。自主学习能将教师在关键环节获取的重要教学知识贯穿到自己的教学当中去，提高课堂的创新性和趣味性，以便更加吸引学生。教师的自主学习在现在这种信息化社会中不但是一种提升的过程，也是一种重要的学习方式，更是不断提升自我的一种能力。具备自主学习的教师可以将自己所获取的分散性的、片段化的知识进行总结归纳，让自己的教学更加生动、有趣，并持续贯穿于整个职业生涯。

（2）终身学习。终身学习是指社会每个成员为适应社会发展和实现个体发展的需要，贯穿于人的一生的、持续的学习过程，就是常说的"活到老学到老"或者"学无止境"。在具有我国特色的教学环境中，终身学习已经成为一种全民性、终身制和普及性的重要能力。这项理念出现后，得到了全国甚至于全世界的高度认可和有效实行。它的提出具有很多方面的作用，既让大家建立了终身学习的想法，也促使学生们懂得了学习的重要性，加强了学生们的主观能动性，不断创新，不断探求新知识和新理念，从而使学生们学会从理论出发，联系实际，巩固和强化自己所学的知识。

教师的专业发展是一个不断持续的过程，它贯穿于教师的整个职业生涯之中。在长期的教育教学过程中，教师需要不断学习、体验和反思，不断调整自己的教育思想观念、教育价值取向，不断丰富自己的专业知识技能、教育教学经验，从而满足不断变化的社会需求，表现出与教师职业相适应的教师角色行为。

（3）可持续发展。教师可持续发展是指教师为适应教育和社会可持续发展的需要，保证其主体素质全面、和谐、自由和持久的发展能力不受损害的发展，其核心是创造素质长久、持续的发展。

如何实现教师可持续发展，也成为每一个教师、教育研究者密切关注的热点问题。有研究者提出，可以从以下三个方面对教师可持续发展的能力结构进行建构：①从身心素质发展的角度，要求教师必须具备保持身心健康的知识与能力，并主动养成良好的生活、学习和工作习惯，从而实现身心发展的可持续性；②从专业素质发展的角度，要求教师必须具备自我获取和更新知识的能力，并能够通过不断地学习和反思，实现专业发展的可持续性；③从个人与社会发展的关系角度，要求教师必须具有适应社会伦理需要、紧跟时代发展步伐及自我调适行为规范等进步思想的道德能力，由此实现职业社会化的可持续性。

由此可见，教师可持续发展不仅需要教师具备精深的专业知识、过硬的教学技能、较高的认知水平和敏锐的洞察能力等客观能力，还需要教师树立"以人为本"的发展观、终身学习的学习观、全面发展的教育观和基于反思的实践观等内在观念。

（4）促进人的全面发展。人的全面发展最根本的内容是指人的劳动能力的全面发展，即人的智力和体力的充分统一的发展。同时，它也包括人的才能、志趣和道德品质等多方面的发展。在教师专业发展过程中，教师不仅仅要着力提高自己的专业知识、专业能力和专业素质等，更重要的是不能忘记作为一名教师的职责。良好的教学效果不单单是靠教师丰富的专业知识、熟练的专业能力和优秀的专业素养就能够顺利取得的，它还需要健康的教育理念、融洽的师生关系和向善的生活感悟等作为教学过程的隐性支撑。

教学不仅仅是一个知识的传递过程，更是一项人与人之间相互对话、理解和建构的生命活动，是个体在社会化过程中求真、趋善和向美的发展过程，是师生共同提高生活质量、感悟生命意义和开拓成长视野的过程。教师教育学生的目的不仅是让其获得更多的知识技能，更核心的目的在于促进自身的专业成长和学生的全面发展。因此，教师作为教育活动的主体，应该将自身的专业成长和学生的全面发展结合起来，实现共同进步。

2. 信息化与教师角色的定位

教育信息化的发展对教师提出了更高的要求，因此，教师对自身有一个准确定位是非常关键的，应密切关注和理解它随着时代不断更新的内涵与外延，这对于教育信息化的发展具有举足轻重的作用。信息化背景下教师角色发生了重大改变，具体表现为以下七个方面。

（1）学习理念的转换者。建构主义理论认为：知识不是先于或者独立于学习者而存在的，而是学习者主动建构的结果。在现有的这种教育信息化的大环境中，学生们顺利完成学业的重点在于摒弃陈旧的学习观念和墨守成规的惰性思维，养成主动学习的良好习惯并持之以恒的坚持下来。教师在引导学生们转变观念的过程中起着至关重要的作用，所以，教师应协助学生们从填鸭式、应考式的接受知识输入的被动者身份向自主获取知识、积极参与知识构建的主体身份转变。

（2）学习方法的指导者。教师由课堂的主讲人、主导者向学生学习的组织者和指导者转变。例如，教师根据一定的教学目标精心组织教学内容、设计教学计划和学习任务、编制教学资料等，而学习者则通过教师提供的教学材料和讲解、指导进行学习。

信息化背景下，信息化教学是指学生们根据教师的授课和指引进行自主学习和个别化学习等。教师按照教学内容提纲、学习方法和考核评价等总体情况做一定的介绍，以帮助学习者对课程内容和学习要求有一个基本了解，然后依据课程的性质、内容和特点，提出有针对性的学习方法建议，旨在帮助学生养成良好的学习习惯，提高和增强学生的学习能力。

（3）学习动机的促进者。学习者因为自身知识和认知的限制，他们对整体的教学目的和教学过程无法很全面综合地去进行了解、执行。所以在进行主动学习时会遭遇各种各样的问题和困难，例如对最初的学习目标的认识有所差异，从而导致丧失学习的兴致和主动性。

在现代信息化教学背景下，教师应该借助于交互式课程的设计与组织，通过多媒体、微课等多重感官刺激，并结合翻转课堂、慕课等新型教学组织形式诱发学习者的学习兴趣，为学习者创造一个知识的"再发现"的学习环境，以激发并维持学习者的学习动机。

（4）学习资源的设计者和开发者。教师由传统教学中单一媒体、简单教具的使用者、制作者变成传播媒体教学资源的合作开发者、使用者。教师劳动由传统的个体劳动转变为集体劳动行为，这个集体的成员除了要制作适用于某一门课程的课件和辅助学习资料外，还要致力于各种教学资源的设计和开发，以及对学习者提出的问题进行答疑等，这使得教育从传统教学模式的课堂中走出来，让终身教育的实现成为可能。

（5）学习过程的管理者和评价者。教育信息化使信息技术与教育教学深度融合。以前，教师只管教，学生只管学的这种教育模式，造成了教师和学生关系的离散以及教学和管理的离散，从而导致教师在教学中监管力度减弱，教学管理不能有效发挥作用，学习者只能自己来把握学习的目标和进度，如果学习者没有很好的自我约束的能力，将极大程度的影响学业的顺利完成。所以，教师在教学过程中必须充分扮演好自己监管的角色，及时对学习者的学习进度和效果给予中肯的评分并告知学习者，使其发现自己的不足和短处，协助其根据自身的情况迅速调整学习方法、学习行为以及学习手段，从而获得事半功倍的学习成果。

（6）学习过程的合作者。随着计算机技术与网络技术的兴盛，人与人的交流已经打破了地域的限制，"地球村"的概念已逐渐成为一种现实，大大改善了以前制度相对分离、个体与个体工作相对独立无合作交流的状况，一种新的协作关系将渐渐替代这种情况。因此，教师在教学过程中的地位也将由控制方变为其中不可缺少的一个角色。教师可以通过多种方式全方位参与学习过程，与学习者进行多层次、多角度的交流与研讨，促使学生在相互学习的环境中学习和发展。因此，教师由传统教学中的学习监管者和旁观者，演变为学习者的学习合作者。建立民主平等的师生关系不仅是学生顺利完成学习任务的需要，也有利于教师自身素养的不断提升。

（7）终身学习的实践者。当今的社会要求人人必须成为终身学习者，终身学习已经不再是一种新的学习理念，它是人们适应飞速发展的社会的一种必备的品质和技能。信息化教育中，教师作为终身学习的倡导者和维护者，更应该成为终身学习的第一实践者。

作为一名合格的现代教师，不但需要使自己的教学理念符合现代要求，更需要不间断的接纳、学习新鲜知识和信息，不断充实自己，以便更好更高效的改善教学方案和技术。中国正在经历一场信息技术革命，这要求教师必须深刻学习并精通操作日新月异的教学技术手段和其应用，同时，它更能带来教师和学生之间在学习过程中更深入的交流、共享及制作。

3. 信息化对教师能力的具体要求

信息化对教师的信息技术应用能力提出了新的要求。在信息化背景下，对教师的信息能力基本要求主要体现为三个层面。①信息素养能力，主要包括信息资源的获取、组织与加工、开发与利用的能力；②知识的融合能力，主要包括教育教学知识、学科知识和信息技术与学科教学知识的融合三个方面；③反思性实践能力，主要包括复杂情境中的问题解决能力、行动中的反思能力和反思中的创新能力。

信息化背景下教师信息技术应用能力主要包括搜索、借用与创造、运用、分享四项能力，它们相互影响、相互促进，其结构分为以下几个方面。

（1）搜索。教师要掌握常用的资源搜索工具、教学常用的搜索方法与技巧，能够通过搜索工具找到相应的教育教学资源。

（2）借用与创造。教师应掌握常用的素材加工工具软件，能够根据教学需要对教学素材进行加工改造。例如，可以根据教学需要对图片、音视频和微课等资源进行编辑和处理，从而满足自身教学需求，实现数字资源的借用与创新。

（3）运用。信息化背景下的教师应该具备将信息技术与教学深度融合的理念和能力，教师要将信息技术充分融合到学科教学之中，要把信息技术运用于提升教学效果和创新教学、学习之中。

（4）分享。分享是网络时代的典型特征，信息化背景下的教师要具有资源共享的理念，掌握常用的多媒体软件工具与平台的使用方法和技能，充分运用信息技术软件平台与工具，与同行进行教育教学的分享。

二、解析几何教学中应用信息技术的理论依据

（一）建构主义学习理论

最早对建构主义学习理论展开研究的是皮亚杰。建构主义学习理论的学者们认为，仅凭教师的传授是并不能让学生获取知识的，只有学生在特定的学习情境下，通过意义建构才能获得知识；认为"协作、情境、意义建构、会话"是学习环境的四大属性（或要素）。

情境：建构主义学习理论的学者们强调学习环境对学生学习的重要性，认为只有当学习的情境利于学生对学习内容进行意义建构时，才利于学生获得知识。信息技术能突破书本限制，为解析几何的教学提供丰富的外部资源，创设悦耳、悦目、悦心的问题情境。

协作：建构主义学习理论的学者们认为协作贯穿于学生学习解析几何的全过程；认为协作活动对资料的搜集、假设的提出验证、成果的评价以及意义建构都有非常重要的作用。目前提倡的主要学习方式中协作学习占有重要地位，在信息

技术支持下的解析几何教学能够培养学生的协作意识,促进学生认知能力的发展。

会话:建构主义学习理论的学者们认为会话在协作过程中是必不可少的;认为学习任务的制定是通过成员之间的会话来商讨的;认为学生们进行会话的过程就是学生协作学习的过程,在这个过程中,学生们能够进行思想的交流、知识的共享;认为会话也是达到意义建构的一种重要手段。解析几何教学中,学生可以应用计算机网络,建立师生的互动平台,通过 QQ 群、教学论坛等达到沟通、交流、知识共享的目的。

意义建构:建构主义学习理论的学者们强调情境对学生进行意义建构的重要性,认为解析几何教学过程的最终目标就是意义建构。要让学生明确学习内容及他们之间的内在联系、内在规律,教师必须帮助学生进行意义建构,在解析几何的教学中,教师利用信息技术为学生创设问题情境,使学生在情境中相互协作,实现意义建构。这样的教学模式中,学生是充分发挥了主观能动性的知识建构者,而不再是被动的知识接受者,符合建构主义相关理论的主张。

(二)认知主义学习理论

认知主义的代表人物有布鲁纳、奥苏贝尔等。认知主义学习理论的学者们认为,学生认知的过程就是学生们在认知中获得意义和意向的学习过程;认为学生的学习是新知识与旧知识的组织与重组;强调已有知识经验的作用和学习材料中的内在逻辑结构。

认知主义学习理论对解析几何教学应用信息技术具有一定的指导意义。在解析几何教学实践中体现在以下三个方面:一是教师根据认知主义学习理论和学生的特点,设计信息化的引导性材料,寻找解析几何新旧知识之间的切入点,为学生学习解析几何进行知识深层次的信息加工提供丰富的资源。二是教师要善于引导,教师不能简单的去帮助学生解决学习解析几何的困难,而应引导学生主动探究和不断地进行尝试,从而理解解析几何知识。三是在解析几何教学中特别重视信息工具的利用,在解析几何教学中应用信息技术,不但提高了学生的信息素养,还加深了学生对解析几何知识的理解。

(三)人本主义学习理论

人本主义学习理论代表人物有马斯洛、罗杰斯等。人本主义学习理论的学者们强调人的尊严、人自身价值、创造力,认为在学习过程中最重要的因素是人;

认为教师在教学中必须尊重学生，强调学生的主动性；重视学生的意愿、情感、需要和价值观。

人本主义学习理论始终坚持的一个原则是以学生为中心。学生在学习的过程中是独立的、能动的个体。人本主义相关理论认为，人具有独特的品质，后天的学习对于人的发展更加关键。

人本主义学习理论具有全面教育的取向，信息技术迅速发展使得全面教育取向可以成功实现。人本主义相关理论全面教育的取向对教师的教、学生的学都有着十分重要的意义。在解析几何教学中，教师利用信息技术，从学生的实际需要和学习兴趣出发，给学生创设真实的、有趣的问题情境，符合人本主义学习理论的主张。

三、解析几何教学中应用信息技术的功能

在解析几何教学中应用信息技术是素质教育发展、解析几何教学改革、培养创新人才的必然选择。解析几何教学中应用信息技术，有利于数形结合思想的实现，有利于学生整体观念的树立，有利于学生对抽象概念的直观理解。

（一）有利于数形结合思想的实现

数形结合思想是高中数学主要思想之一。例如《曲线与方程》的重点是研究方程与曲线之间的关系，突出通过方程研究曲线，通过代数研究曲线的几何性质。在教学中，可运用 flash 课件演示圆、直线方程的建立过程，然后研究它们的几何特征，在演示过程中渗透曲线与方程的关系，使学生对基本的概念有初步的认识，然后在后续的教学中，让学生继续体会方程与曲线之间的变换关系。在探究双曲线的离心率与开口大小之间的关系时，教师通过几何画板把离心率对双曲线形状的影响形象生动的展现出来，将解析几何中抽象的数与形之间的内在联系展现得淋漓尽致，这样的教学重视了情境对学习的作用，利于学生进行意义建构，符合建构主义学习理论。

诸如直线与椭圆、双曲线、抛物线相交，求参数范围等问题都可以利用信息技术展示数形结合的过程。但是在运用过程中，一定要做到以下两点：一是能熟练运用信息技术，二是对圆锥曲线、直线、向量的基础知识掌握牢固。通过信息技术展示图像的形成过程，不但能使"数"与"形"完美结合，还能调动学生的积极性，从而让学生在经过自主探究之后，亲身体验知识的形成过程。

（二）有利于整体观念的培养

整体就是完整性和统一性，整体思想就是用"集成"的眼光把某些知识相互关联，有意识、有目的地将知识整体处理。解析几何的统一性，既体现在知识之间的有机联系上，又体现在解析几何的概念或概念反映的数学思想方法的统一上，比如抛物线既有解析几何的特征，又是二次函数的直观表现。二次函数体现的是一种数量关系，而抛物线体现的是几何图像。这样在"数"（二次函数）与"形"（抛物线）之间就建立了联系，体现了解析几何的数形结合思想。二次函数与抛物线（开口向上或向下的抛物线）方程虽然表达式不同，但却有相同的表现形式——抛物线，体现了代数与解析几何的内在联系，加强了知识间的组织与重组，符合认知主义学习理论。

传统的解析几何教学中教师利用粉笔在黑板上画图或者让学生观看书本上的几何图形，这样不能将几何图形与其他相关的知识相结合，很难使学生对解析几何有一个整体的认识，不利于学生整体观念和发散性思维的培养。而利用信息技术把解析几何的教学内容通过文字、图像、声音、影像等资料进行整合、加工，能充分调动学生的学习兴趣，为学生进行数学的创造和发现提供了平台，使学生从"做数学"转变为"用数学"，对解析几何知识有一个整体的把握，进而帮助他们树立整体的观念。利于学生更全面、更系统地认识解析几何。

结合问题式的复习，借助信息技术，将图片、动画、声音向学生形象直观地展示解析几何的教学内容，将抽象的内容具体化，将零散的知识系统化，让学生对圆锥曲线有一个整体的把握，符合认知主义学习理论。

（三）有利于抽象能力的培养

解析几何的抽象概括能力是指从具体的、生动的几何问题中，概括总结出一般性的结论，并能应用于问题的解决或判断。它是一个由特殊到一般，由具体到抽象的过程。

培养学生的抽象概括能力，首先要从双基（基础知识和基本技能）入手，并借助基本数学思想。基础知识是指解析几何中涉及到的基本概念、几何性质、基本公式等，学生对这些知识的理解往往只停留在对表象概括的水平上，不能理解它们的形成过程，自然不能根据事物的本质转化为已有的数学模型，达到解决问题的目的；基本技能是指运用解析几何的基础知识解决数据处理、作图的技能。

比如在探究椭圆的概念时，仅凭教师的语言叙述很难让学生理解定义的实质，如果利用信息技术可以将椭圆的形成过程动画处理，刺激学生的多种感官，不仅有利于学生抽象能力的培养，还能激发学生的学习兴趣，提高学生的积极性和主动性，更符合人本主义学习理论。

学生抽象概括能力的培养重在信息迁移，信息迁移是指在学生原认知的基础上，通过问题情境，引出新知识的过程。例如在双曲线的定义教学中，教师通过多媒体动画展示双曲线的形成过程，让学生通过类比椭圆定义，归纳总结出双曲线的定义，不但使学生的抽象概括能力得到了培养，更重要的是，它从认知主义学习理论出发，注重了知识间的相互联系。

培养抽象概括能力的重要环节是总结归纳，在圆锥曲线的复习课中，教师利用信息技术将整章的内容全部展示，让学生总结三种圆锥曲线的异同点，培养了学生的抽象概括能力。

第二节　解析几何教学与信息技术整合策略研究

一、解析几何教学与信息技术整合的切入点分析

切入点就是解决问题的着手点，在解析几何教学中应用信息技术的切入点，就是教学中应用信息技术的着手点。切入点可以是解析几何的知识点，也可以是学生学习知识、发展能力的过程与方法，还可以是学生在学习过程中感知的情感态度和价值观。在解析几何课堂教学中，切入点的选择比较灵活，可以选一个也可以选多个，切入点的选择还可以贯穿解析几何教学全过程。具体到把"切入点"选在哪里，需要根据解析几何教学的实际情况而定。在解析几何教学中导入信息技术的目的是为了使抽象、枯燥、单调的解析几何"活起来"，激发学生的学习兴趣，培养学生的数形结合思想、整体观念和抽象思维能力，更大程度地调动学生的积极性和主动性，提高课堂效率。要解决上述问题，就必须了解解析几何教学过程中存在的问题，然后分析问题是出在了知识层面，还是出在了教学的过程与方法层面，亦或是学生的情感态度与价值观层面，清楚了问题的所在，就能找到恰当的切入点，达到突出重点、突破难点的目的。

案例：求直线的方程。

本节课教学前，学生已学习了平面几何，对生活中的平面图形有了一定的认识。通过本节课的教学，要使学生知道解析几何的学习内容，通过观察、了解高中解析几何与初中平面几何的异同，初步了解坐标法，会利用坐标法研究直线的倾斜角、斜率和方程。

切入点一：利用几何画板，使学生认识到直线的斜率和倾斜角的关系。

通过几何画板改变直线的位置，让学生观察直线的倾斜角和直线的斜率的变化情况，回答下列问题：直线平移时它的倾斜角以及斜率有什么样的变化？直线的斜率与该直线上的两点位置有何关系？如果直线与 x 轴互相垂直结论如何？

切入点二：结合上述讨论结果讲解直线的点斜式方程。最后，讲解直线的两点式、截距式以及一般式方程，并且讨论他们与点斜式方程的关系和限制条件（教师讲解同计算机演示相结合）。

二、解析几何教学中应用信息技术时切入点的选择策略

（一）以知识与技能为切入点

解析几何教学中应用现代信息的切入点具体到教学层面，就是解析几何的知识与技能和信息技术的整合点，它是在解析几何教学过程中的知识传授阶段。依据认知主义学习理论，应用信息技术将学生的已有经验有机地融合到新知识的教学中，以促进解析几何教学目标的实现。

案例：椭圆的离心率是椭圆简单几何性质中的一个重要性质，应用广泛。本节课教师采用一种新的教学策略——形象类比 + 几何画板动态演示。过程如下：

教师先介绍圆的基本特征：有一个中心——圆心。然后引入椭圆，有一个中心、两个焦点，椭圆有时很圆，有时很扁，那么椭圆的扁平程度是什么引起的呢？

教师通过几何画板演示椭圆的基本量对椭圆圆扁程度的影响。

（1）当改变椭圆的半焦距 c 的值，长半轴长 a 不变时，椭圆有什么变化（图7-1、图7-2）[①]？

---

① 本节图片均引自梁红霞. 解析几何教学中信息技术应用策略研究 [D]. 石家庄：河北师范大学，2014：15-58.

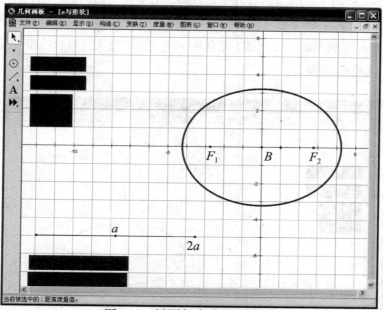

图 7-1　椭圆与半焦距的关系

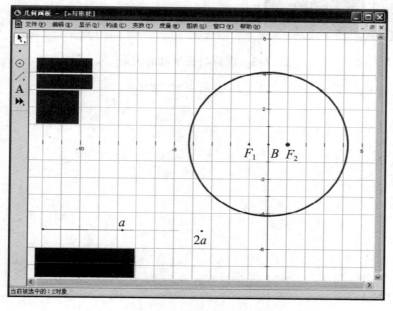

图 7-2　椭圆与半焦距的关系

在图 7–1 和图 7–2 的演示过程中，教师引导学生得出结论：当长半轴长 a 不变时，半焦距 c 越小椭圆越圆。

（2）当改变长半轴长 a 的值，半焦距 c 不变时，椭圆又有什么变化（图 7–3、图 7–4）？（学生思考）

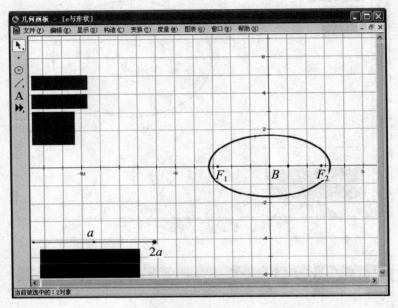

图 7–3　椭圆与长半轴的关系

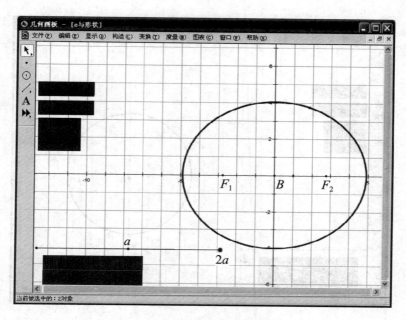

图 7-4　椭圆与长半轴的关系

在图 7-3 和图 7-4 的演示过程中，教师引导学生总结结论：当半焦距 c 不变时，长半轴长 a 越大椭圆越圆。这时教师引出椭圆的离心率 $e = \dfrac{c}{a}$，追问有没有特殊情况呢？如果 $c=0$ 的话，$e=0$，此时椭圆变成了什么？

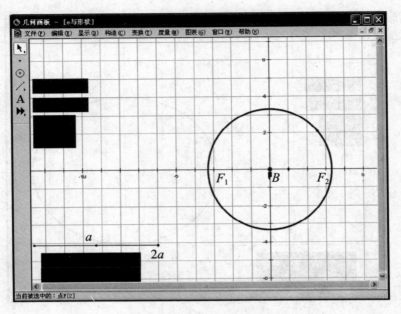

图 7-5　椭圆与离心率的关系

通过几何画板演示，此时变成了圆（图 7-5），这时让学生归纳总结得出结论：e 越大椭圆越扁，反之越圆，特别是 $e=0$ 时变成了圆。椭圆的长半轴长 a、半焦距 c、离心率 e 与椭圆的圆扁程度的关系作为应用信息技术的切入点，通过几何画板的轨迹、追踪、动画等功能，直观动态的展示圆锥曲线的形成过程，弥补了传统教学的许多不足，让学生体会整体的思想与方法，强调了知识经验的作用，符合人本主义的理论思想。

（二）以过程和方法为切入点策略

解析几何教学应用信息技术的切入点最终取决于解析几何的教学目标，有时我们将信息技术贯穿于教学的始终，这时我们就把教学的过程视为切入点；解析几何教学应用信息技术的目的是提高课堂效率，这时就把提高课堂效率的教学方法视为切入点。

例如在《直线的方程》教学中，利用几何画板，使学生认识直线的倾斜角与直线的斜率之间的关系。①让学生观察：几何画板演示直线绕它与 x 轴的交点旋转动画，激发学生的学习兴趣和探究的欲望；②提出相关问题：当直线平移时，直线的倾斜角、斜率有何变化？直线的斜率与该直线上任意两点的位置有何关系？直线与 x 轴互相垂直时，你又有何结论？通过演示直线的倾斜角与斜率间的变化关系，引导学生观察、思考直线变化的特点，从而指导学生根据所给条件列出直线方程。这样的教学方式利于学生对方程与图形间的关系、图形的数量化的体会，为培养学生的识图、画图能力打下良好基础。在授课过程中，教师从人本主义的教育理念出发，让学生操作制图软件，注重以学生为中心，强调发挥学生的主动性。

（三）以情感态度和价值观为切入点策略

学生的情感因素对解析几何知识的理解具有重要的作用。解析几何教学应用信息技术是为了激发学生学习解析几何的兴趣，提高学习效率，这时就把情感态度视为切入点；解析几何教学应用信息技术是为了促进学生价值观的形成，这时就把价值观视为切入点。在解析几何教学中，通过多媒体给学生展示生活中解析几何的应用案例，使学生产生学习解析几何的强烈欲望，强调了情境在学生学习中的重要作用，符合建构主义学习理论。

例如在《圆锥曲线的综合应用》教学中，强调载人航天器对我国的重要意义，然后通过图像展示，说明载人航天器发射及返回都呈抛物线轨迹。从而提升同学们的爱国主义精神，在直观的图像教学中，强化为国奉献的价值观，同时也激发了学生的学习兴趣，提高了学习效率。

三、解析几何教学中应用信息技术的原则和步骤

（一）解析几何教学中应用现代信息技术的基本原则

信息技术融声音、图像、动画、文字于一体，给解析几何教学提供了内容丰富的教学平台，但在一线教师实践教学中仍存在误区，经过研究发现在解析几何教学中应用信息技术应遵循原则如下：

1. 辅助性原则

解析几何中应用的信息技术只是一种辅助工具，它并不能取代教师的创造性工作和主导地位。在教学中教师需要根据教学的实际情况及时调整教学进度、对学生反应的情况做适当的点拨、引导，这些都是信息技术无法取代的。

2. 适宜性原则

适宜性原则就是指在解析几何教学中应用信息技术要找准切入点。在解析几

何教学中应用信息技术是为了更好地完成教学任务，通过最简单的教学形式实现最大化的教学质量。比如情境的创设都是放在课的开始阶段，如果放在尾声部分，那么这节课留给学生的就只有那些精彩的情境，而不是知识；又如对比三种圆锥曲线几何性质的异同时可以在对比的同时使用信息技术；还有，为了形象描述圆锥曲线形成的过程，可以在概括定义之前使用信息技术。总之，在解析几何的教学中我们要因需而用，选准应用信息技术的时机。

3. 适度性原则

在解析几何的教学中应用信息技术要适量，解析几何的教学并不是处处都要与信息技术相结合的，在不需要结合信息相关技术时使用信息技术，那些繁杂的东西不但没起到积极作用，还会增加课时负担，对教学效果起到干扰作用；同样，在需要应用却没有应用信息技术时，不利于学生数形结合思想的培养，不利于学生对整体知识的把握，也会影响教学效果。

4. 实效性原则

实效性原则是指在解析几何教学中注重使用信息技术的实际效果。依建构主义学习理论，在解析几何教学中应用信息技术的重点就是构建有利于学生学习的教学环境和认知工具，发展学生"合作、自主、探究"的能力。例如双曲线的渐近线中"渐进"的含义很抽象，若利用几何画板进行动态演示，学生就能从直观的角度理解渐近线，有效地把握渐近线的实质。

（二）解析几何教学中应用现代信息技术的基本步骤

第一步，结合信息技术探究工具，提出学生感兴趣的问题，学生可以通过信息技术对问题进行探究。

第二步，将确定的问题分解发散成为几个子问题，学生利用信息技术广泛寻找答案。

第三步，利用信息技术解决问题。

第四步，教师组织学生针对解析几何问题进行讨论，对意见进行评议。

第五步，在解析几何教学过程中教师及时进行小结和总结。

四、解析几何教学中应用信息技术的案例分析

（一）解析几何概念教学中信息技术的应用

概念是反映事物本质属性和共同特征的思维形式，解析几何的概念在现实中

有许多真实的实物表现。《普通高中数学课程标准》（实验）（以下简称《新课标》）第二部分（课程目标）明确指出，在教学中让学生理解基本概念、结论、思想方法及在后续学习中的作用。然而，在解析几何概念的教学中仍存在如下几点问题：

第一，学生对解析几何的概念只能依靠简单的机械记忆。解析几何的概念是由几何图形的性质等方面决定的，因为几何图形的复杂性，以及学生缺少对几何图形的认识，造成学生对于解析几何的概念停留在简单的机械记忆层面。

第二，解析几何的概念具有高度的抽象性，教师不能把握概念的核心，不能揭示概念的科学内涵。教学中教师忽视了概念的形成过程，不利于学生理解解析几何概念的形成过程。

第三，解析几何的概念及其内在特征枯燥无味，描述起来缺乏生动性，学生的学习兴趣很低。学生对解析几何内在特征的变化等没有深入的了解。

依据上述分析，教师应从人本主义学习理论出发，在解析几何教学中利用信息技术的图像、声音、动画等功能表达教学内容，刺激学生的多种感知器官，从而激发学生学习解析几何的兴趣和欲望。下面以《椭圆及其标准方程》为例简要介绍利用信息技术展现椭圆的形成过程和特征。

1. 结合信息技术探究工具

结合信息技术探究工具，提出让学生感兴趣的问题，学生可以通过信息技术对问题进行探究。

（1）利用 *flash* 动画创设问题情境。用 *flash* 作"神六"的运行轨道，如图 7-6 所示，通过展示动画为学生创设了一个轻松、愉悦的学习情境，激发了学生探究新知的欲望。

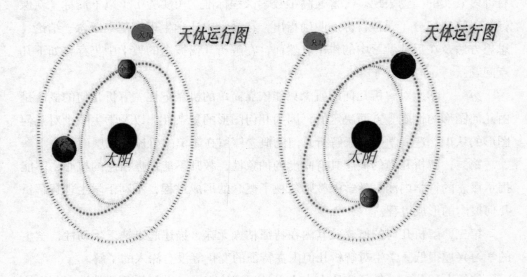

图 7-6 神六运行轨道

（2）运用 *Power Point* 增强学生对椭圆的感性认识。利用 *Power Point* 展示如下两张图片：第一张幻灯片：*MICKEY* 包装盒（图 7-7）、汽车贮油罐（图 7-8）的横截面、鸟巢（图 7-9）的外轮廓线；第二张幻灯片：将圆 $x^2 + y^2 = 4$ 沿着 y 轴的方向均匀压缩为原来的一半（即横坐标不变，纵坐标为原来的 1/2）形成的图形（图 7-10）。通过这几组幻灯片的展示，不但能让学生充分观察和了解到我们生活中的椭圆，激发学生学习椭圆的兴趣，还能让学生从感性上认识椭圆。

我们认识了椭圆，那么，你们知道它们是怎样形成的吗？

图 7-7　*MICKEY* 包装盒

汽车贮油罐的横截面的外轮廓线
的形状像椭圆.

图 7-8　汽车贮油罐

图 7-9　鸟巢图

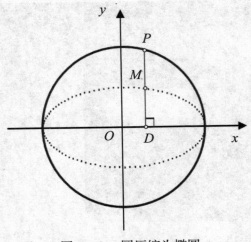

图 7-10   圆压缩为椭圆

（3）运用几何画板，展示椭圆的形成过程，如图 7-11 所示。

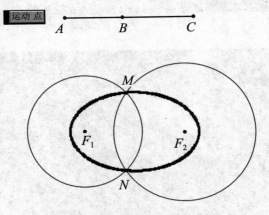

图 7-11   椭圆的形成过程

几何画板演示：当点 B 在线段 AC 上运动时，以 F_1，F_2 为圆心，$|AB|$、$|BC|$ 为半径的圆的交点 M,N 的轨迹。

2. 将确定的问题分解发散为几个子问题

将确定的问题分解发散为几个子问题，学生利用信息技术广泛寻找答案。

让学生操作几何画板，找出椭圆形成的条件。

探究了椭圆的形成过程之后教师提出如下问题：

（1）当点 B 在线段 AC 上运动时，哪些量在这一过程中是不变的，哪些量在这一过程中是变化的？

（2）你能不能把没有改变的量用表达式表示呢？

（3）点 M,N（椭圆上的点）运动的规律是怎样的？

（4）利用这个规律得到的是一个椭圆吗？

总结好上述规律之后，还要给学生动手实践的机会，让学生用课前准备好的直尺、细绳、钉子、笔、纸板等工具自己画椭圆，体验画椭圆的过程并以此了解椭圆上的点的特征。然后教师让学生们根据前面的学习，总结对椭圆的理解，归纳椭圆的定义。

对椭圆的定义进行归纳、总结时，教师要视学生的回答来引导他们对椭圆定义的理解逐步加深、完善，另外，在引导中要重点体现"和""常数"以及"常数的范围"这些关键词及其相应特征。为了更好的突出这些特征，可以通过几何画板对以下两种情况进行演示：①两定点间的距离之和与线段 $|AB|$ 长度相等时动点的轨迹为一条线段（图 7-12）；②两定点间的距离之和比线段 $|AB|$ 长度大时动点的轨迹不存在（如图 7-13）。这样就可以由学生完善椭圆定义中常数 a 的范围了。

椭圆定义：平面内与两个定点 F_1，F_2 的距离之和等于常数（$> | F_1F_2 |$）的点的轨迹。

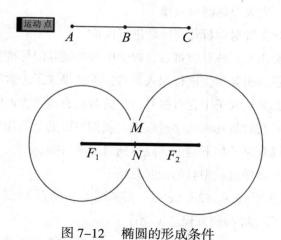

图 7-12　椭圆的形成条件

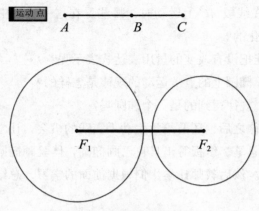

图 7-13　椭圆的形成条件

几何画板的应用，使学生经历了椭圆的形成过程，对椭圆的认识也从感性认识上升到了理性认识；生动的教学内容激发了学生的学习兴趣，提高了课堂效率。

3. 利用信息技术解决问题

运用 *Power Point* 展示椭圆标准方程的推导过程。能否推导出椭圆标准方程的关键点就是平面直角坐标系的建立，建立的坐标系不同，得到的方程也会随之改变。我们可以让学生说出不同的建系方法，求解方程，但是这些方法要想直观的在黑板上呈现出来实属不易。如果我们能够借助 *Power Point*，将可能出现的情况做成幻灯片，根据上课时学生的建系方式选择适当的幻灯片，不但直观，而且能够节省时间，大大提高课堂效率。

4. 教师组织学生针对解析几何问题进行讨论

另外，为了突出重点或突破难点，教学中推导椭圆的标准方程时，教师可以设计如下几个问题，引导学生进行深入思考：①如果式子中含有根号，我们可以使用什么方法？②如果式子中含有根号，化简时是直接平方好呢，还是经过适当变形后再平方呢？在解析几何教学过程中，我们可以通过动作按钮控制这些问题及计算过程的出场顺序（如下题），以达到启发的目的。

5. 在解析几何教学过程中教师及时总结

已知椭圆的焦距 $|F_1F_2|=2c$，（$c>0$），椭圆上一动点 M 到两定点 F_1 和 F_2 的距离之和为 $2a$，求此椭圆的方程。（动作 1）

以这两个定点 F_1 和 F_2 轴所在的直线为 x 轴，线段 F_1F_2 的中点为坐标原点建

系。设 $|F_1F_2|=2c$,（$c>0$），点 M（x,y）是椭圆上的任意一点，则有

$$P= \{M \mid |MF_1|+|MF_1| = 2a\}$$

所以 $\sqrt{(x-c)^2+y^2} + \sqrt{(x+c)^2+y^2} = 2a$

化简，得 $(a^2-c^2)x^2 + a^2y^2 = a^2(a^2-c^2)$（动作2）

椭圆的形成条件如图 7–14 所示。（动作3）

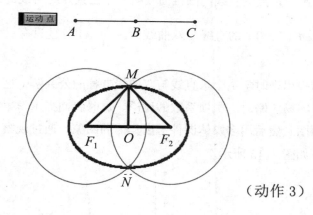

（动作3）

图 7–14　椭圆的形成条件

当 B 为线段 AC 的中点时，可以看出，这两个圆的半径相等，也就是 $|MF_1|=|MF_2|=a$，由于 $|OF_1|=c$，所以 $a^2-c^2=|MO|^2$，不妨设 $a^2-c^2=b^2$，（动作4）

可得椭圆方程：$\dfrac{x^2}{a^2} + \dfrac{y^2}{b^2} = 1$，（$a>b>c$）（动作5）

（二）解析几何习题课教学中信息技术的应用

1. 学生在解析几何习题课学习方面存在的困难分析

在解析几何的习题课教学中，教师容易受传统的解析几何教学的影响，对解析几何教学采取以"教师为主"的模式，忽视了学生的主观能动性。解析几何的习题课需要学生在学习中通过自主探究来解决问题，如果在教学中能够利用信息技术探索问题，则能够最大程度的提高学生的学习效率。但是有的学校不重视这种因素对学生学习效果的影响，没有建立完善的环境设施，尤其是信息技术设备不完善，在解析几何教学中忽视了信息技术对习题课的作用。

2. 信息技术在解析几何习题课教学中的实例展示

信息技术可以丰富解析几何教学手段，直观形象地展示教学内容，引导学生进行情境探究，调动学生学习的主动性和积极性。利用信息技术，学生还可以探索和检验自己在解析几何学习过程中的猜想，根据检验的结果，分析推理的合理性，查找问题出现的根源，从而找到正确结果。

案例：求过某一定点的直线与圆锥曲线有一个公共点时直线的条数。

（Ⅰ）过点 $A(1, 0)$ 的直线与双曲线 $x^2 - \dfrac{y^2}{4} = 1$ 有且只有一个公共点，这样的直线有几条？

这个问题刚提出来时学生会求直线与双曲线方程的公共解，这样解题的计算量非常大，而且容易忽略对二次项系数的讨论。这时我们提示学生结合图形，让学生先着手去画图。然后用多媒体课件给出具体的图象，通过观察，我们能顺利的将问题解答，如图 7-15 所示。

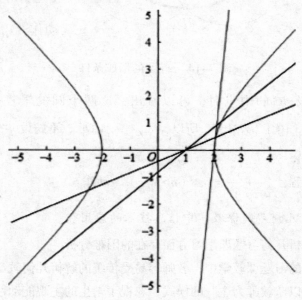

图 7-15　学生利用几何画板作图

若要完成这样的题型，一定要做到以下两点：一是熟练运用几何画板作图，二是让学生能找出符合条件的几类点，从而使问题顺利解决。

求直线与圆锥曲线的交点个数，求直线与圆锥曲线相交、相切、相离时直线的条数，都是解析几何教学中的常见题型。这种题型如果通过列方程组求解运算量非常大，一般情况下都会以失败告终；如果将数形相结合，利用信息技术直观的演示，则大大降低了此题的难度。

（Ⅱ）平面直角坐标系中任一点 $A(x_0, y_0)$ ，求过 A 且与抛物线 $y^2 = 2px(p > 0)$ 有且只有一个交点的直线的条数。

在课堂上，可以让学生说出自己的解题方法，然后引导学生思考上面例题给大家的启示，找到三类关键点，然后教师用多媒体课件展示图像的形成过程，从而找到答案，如图 7-16 所示。

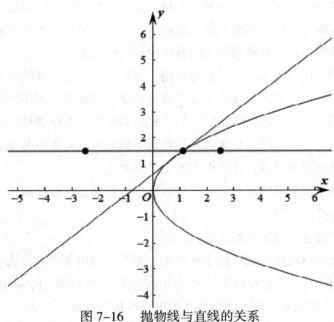

图 7-16　抛物线与直线的关系

（1）点在抛物线内部时，满足条件的直线有 1 条（与对称轴平行的直线）。

（2）点在抛物线上时，满足条件的直线有 2 条（1 条切线和 1 条与对称轴平行的直线）。

（3）点在抛物线外时，满足条件的直线有 3 条（2 条切线和 1 条与对称轴平行的直线）。

学生利用几何画板，通过反复实验、相互交流和深入的探讨，可以很快地发现规律找到答案。更重要的是，他们在通过实践归纳点的位置对直线条数的影响时，也渗透了分类讨论的思想。这样，信息技术教学工具的应用，使得学生在获得知识的同时，提高了探究的兴趣，培养了分析归纳的能力，加强了合作意识，丰富了解析几何教学手段，提升了解析几何教学水平。

教学反思：①本节课的设计目的是为了使学生通过信息技术理解所学过的几何知识，通过信息技术工具，化抽象为形象，认识数形之间存在的密切关系。②通过信息技术工具，教师通过直观的手段，引导学生在解析几何的学习中对直线与圆锥曲线的关系有更深入的认识。③让学生自己动手，操作多媒体。

（三）解析几何复习课教学中信息技术的应用

俗话说"新授育树，复习育林"，可见复习课对于学生学习的重要性，复习课的目的是巩固旧知识、查漏补缺，除此之外，还应注重学生应用能力的提升，数学思维品质的培养。在解析几何的教学中复习课占很大比例，所以复习课的质量是我们教学工作者关注的一个重要问题。解析几何的复习课枯燥无味，要想提高复习课的质量，教师可根据认知主义理论和学生的特点，利用网络资源，建立解析几何知识网，学生根据网络提供的信息主动探究、不断尝试，从而将问题解决。这不但提高了学生的信息素养，还实现了新旧知识的组织与重组，加深了学生对解析几何知识的理解，符合人本主义学习理论。

利用网络资源复习解析几何教学可以通过学科网站、教师的个人资源库、教师的博客或者搜索引擎。

案例：《圆锥曲线》的综合复习。

首先，教师将圆锥曲线的教学内容进行整合，列出本章学习的重点、难点、学习任务和目标，形成本章学习的知识框架图。然后利用 *FrontPage*、*PPT*、*Flash* 等工具制作网页。网页中主要有以下几个板块链接：

（1）学习目标和重点、难点，这里有本章的知识框架图、基本公式和定理定义。

（2）圆锥曲线的知识背景及趣闻，这里可以直接链接到圆锥曲线定义的来源、实际应用和一些有关圆锥曲线的趣闻趣事。

（3）圆锥曲线的课件，学生们可以通过链接观看通过 *Flash* 制作的多媒体课件。

（4）测一测，学生可以通过网络答题、阅卷、寻找答案等，教师可以根据学生的答题情况了解学生对知识的掌握情况。

（5）拓展资源，此处学生们可以下载学案、课件、试题、教学软件等资源。

（6）论坛交流，直接链接到师生论坛交流。

有了供学生复习的网站，就可以在网络教室内（或远程教学）按如下流程进行教学：

第一，利用网络工具，提出问题 让学生通过链接"学习目标和重点、难点"明确本章的主要内容、重点和难点，了解知识结构图并掌握基本公式和定义。

第二，利用网络进行复习，教师可以指导学生利用网络根据学案或观看课件自学，学有余力的学生可以通过"拓展资源"进行更深入的学习。还可以利用网络课件师生一起探究。

第三，利用网络解决问题，并进行跟踪测试。网上资源学完之后，要及时通过"测一测"进行网上学习测试，以检验学生的学习情况，为后续的重点讲解做准备。

第四，针对上面出现的问题，通过"论坛交流"进行讨论。学生可以通过教师建立的 QQ 群或者百度贴吧等，交流自己的学习体会，提出自己的疑问或者对某一问题的独到见解。

第五，教师及时进行小结和总结。教师可以根据学生在"论坛交流"中的讨论留言和"测一测"的答题情况，有针对的点播、总结、讲解，帮助学生弥补知识点的空白，使学生的知识体系更系统。

另外，有的学生在课上不善于发言，通过网络教学我们可以让每个学生都积极参与，充分调动学生学习的主动性，让学生成为学习的主人，符合人本主义的理论基础。

参考文献

一、著作类

[1] 蒋大为. 空间解析几何及其应用 [M]. 科学出版社，2004.

[2] 廖华奎. 解析几何教程 [M]. 科学出版社，2000.

[3] 丘维声. 高等代数 [M]. 科学出版社，2013.

[4] 项武义. 基础几何学 [M]. 北京：人民教育出版社，2004.

[5] 张同君. 中学数学解题研究 [M]. 吉林：东北师范大学出版社，2002.

[6] 朱鼎勋，陈绍菱. 空间解析几何学 [M]. 北京师范大学出版社，1984.

二、期刊类

[1] 蔡慧英，朱枫. 仿射变换下基于凸包和多尺度积分特征的形状匹配方法 [J]. 计算机辅助设计与图形学学报，2017，29（2）：269–278.

[2] 曾文锋，李树山，王江安. 基于仿射变换模型的图像配准中的平移、旋转和缩放 [J]. 红外与激光工程，2001（1）：18–20+17.

[3] 柴化安. 利用向量投影凸显几何直观 [J]. 中学数学教学，2018（6）：47–48.

[4] 陈淑贞. 空间直线方程的解题探讨 [J]. 海南师范大学学报（自然科学版），2011，24（3）：348–351.

[5] 程瑞，刘凤连. 基于等距变换的三维点云相似性检测算法 [J]. 天津理工大学学报，2019，35（1）：21–26+64.

[6] 冯园新. 例析空间直线方程的解法 [J]. 太原城市职业技术学院学报，2013（2）：152–153.

[7] 管焱然，管有庆. 基于 *OpenCV* 的仿射变换研究与应用 [J]. 计算机技术与发展，2016，26（12）：58–63.

[8] 黄竞泽. 平面向量在解析几何中的运用分析 [J]. 经贸实践，2018（3）：

327.

[9] 姜顺根．从概念中来，到概念中去——活用曲线的概念解立体几何与解析几何的综合题 [J]．考试（高考数学版），2009（Z4）：68-70.

[10] 柯厚宝．降低解析几何运算量"四化" [J]．中学数学研究（华南师范大学版），2019（1）：17-19.

[11] 李继成．线性代数与空间解析几何课程全面改革的思考 [J]．大学数学，2010，26（2）.

[12] 李铁安，宋乃庆．高中解析几何教学策略——数学史的视角 [J]．数学教育学报，2007（2）：90-94.

[13] 李小斌，朱佑彬．单叶双曲面直母线的一般形式 [J]．高等数学研究，2019（1）：42-44.

[14] 李永杰，王申怀．新课标下平面几何变式教学几例 [J]．数学通报，2011（1）：32-33.

[15] 梁海艺，吴跃忠．解析几何变式问题制作的一种方法 [J]．数学通报，2018，57（3）：49-52.

[16] 梁素萍．CAI软件设计在《解析几何》课堂中的应用 [J]．电子技术与软件工程，2019（4）：55.

[17] 刘卉，黄可坤．空间曲面方程在数学建模中的应用 [J]．教育现代化，2018，5（13）：263-265.

[18] 刘坤，任润润，任晓娜．应用不变量化简四维欧式空间中二次曲面的方程 [J]．陇东学院学报，2019（2）：1-6.

[19] 平光宇，龚卫东．马鞍面与一类轨迹问题 [J]．数学通报，2017（10）：49-55.

[20] 邵光华，王培合．高等院校数学专业解析几何课程改革研究 [J]．大学数学，2011（3）：17-21.

[21] 沈中宇，汪晓勤．平面概念与公理的历史发展 [J]．数学通报，2018，57（2）：6-11.

[22] 史宁中．《平面几何》改造计划 [J]．数学通报，2007，46（6）：1-3.

[23] 王申怀．平面几何与球面几何之异同 [J]．数学通报，2006，45（9）：6-9.

[24] 翁凯庆，刘安邦．中学平面几何课的地位作用与教学目的 [J]．数学通报，

2000（2）：10–11.

[24] 杨成，秦红艳，刘治毅.空间解析几何法在输油管道工程中的应用 [J]. 现代化工，2017（2）：220–222.

[26] 杨德贵.高等代数与解析几何一体化教学改革的探索 [J]. 贵州师范大学学报（自然科学版），2005（4）：101–104.

[27] 张彪，邹哲，陈书界，等.基于仿射变换与 Levenberg–Marquardt 算法的织物图像配准 [J]. 光学学报，2017，37（1）：359–367.

[28] 张美霞，代钦.20 世纪我国中学解析几何课程目标的演变 [J]. 数学通报，2018（1）：20–24.

[29] 张玉珍，苏洪雨.一道高中解析几何题的说题设计探究 [J]. 数学通报，2017，56（6）：50–53.

[30] 章建跃，陶维林.概念教学必须体现概念的形成过程——"平面向量的概念"的教学与反思 [J]. 数学通报，2010，49（1）：25–29+33.

[31] 章建跃.解析几何的思想、内容和意义——"中学数学中的解析几何"之一 [J]. 中学数学教学参考：上半月高中，2007（7）：1–3.

[32] 章权兵，罗斌，韦穗，等.基于仿射变换模型的图象特征点集配准方法研究 [J]. 中国图象图形学报，2003（10）：20–24.

[33] 赵春芳.空间解析几何中的向量代数研究 [J]. 黑河学院学报，2018，9（06）：213–214.

[34] 周敏.高中数学核心素养之我见——以"平面向量基本概念"教学设计为例 [J]. 高中数学教与学，2018（20）：34–36.